木材动态黏弹性基础研究

吕建雄　蒋佳荔　著

国家自然科学基金项目（项目编号：30825034，31000266）资助

科学出版社

北　京

内 容 简 介

本书介绍了木材黏弹性的基本原理、动态黏弹性的测试方法及其应用的研究成果。全书共分 10 章。详细阐述了木材黏弹性的概念和木材动态黏弹性的基础理论及其测试与分析方法；归纳了影响木材动态黏弹性的主要因素；在系统开展科学实验研究的基础上，列出了木材动态黏弹性对含水率、温度、时间和载荷频率等因素的响应机制研究实例。

本书可供高等院校和科研单位从事木材科学与加工技术的科技工作者、教师及研究生学习和参考。

图书在版编目（CIP）数据

木材动态黏弹性基础研究/吕建雄，蒋佳荔著. —北京：科学出版社，2015.2

ISBN 978-7-03-043130-1

Ⅰ.①木… Ⅱ.①吕… ②蒋… Ⅲ.①木材-弹性-研究
Ⅳ.①S781.23

中国版本图书馆CIP数据核字（2015）第017759号

责任编辑：张会格 / 责任校对：刘亚琦

责任印制：赵 博 / 封面设计：耕者设计工作室

科学出版社 出版
北京东黄城根北街 16 号
邮政编码：100717
http://www.sciencep.com

北京科印技术咨询服务有限公司数码印刷分部印刷
科学出版社发行 各地新华书店经销

＊

2015 年 2 月第 一 版 开本：720×1 000 1/16
2025 年 1 月第三次印刷 印张：11
字数：209 000

定价：75.00 元

（如有印装质量问题，我社负责调换）

前　言

　　木质材料流变学是以研究木材的黏弹性为主要内容，而动态力学分析（dynamic mechanical analysis，DMA）技术是研究材料黏弹性的重要手段。在高聚物与复合材料领域，动态力学分析技术的应用已较为系统与完善。但是，在木质材料领域，木材黏弹性的基础理论与测试技术亟待发展和完善。鉴于此，作者在吸收与借鉴高分子材料的黏弹性理论与动态力学分析方法的基础上，将近年来围绕木材动态黏弹性所开展的学习与取得的研究成果进行归纳整理并付梓出版，希望能够起到抛砖引玉的作用，为将来更好地应用动态力学分析技术来研究木质材料的流变学性质提供基础，以期在学术思想上丰富木材-流体关系学、木材物理学和木材流变学的内涵，为人工林木材在高性能、高附加值材料中的应用提供理论依据和科学指导。

　　本书的主要成果是作者在主持国家自然科学基金杰出青年科学基金项目"木材流体与干燥基础科学"（30825034）和"木材动态黏弹特性的湿热效应机制研究"（31000266）期间完成的。本书详细阐述了木材黏弹性的概念和动态黏弹性的基础理论；介绍了采用动态力学分析技术进行木材动态黏弹性测试的实验原理与方法；归纳了影响木材动态黏弹性的主要因素；探讨了木材的线性黏弹区域，考察了木材动态黏弹性的各向异性行为，系统研究并分析了木材的动态黏弹性能温度谱、时间谱和频率谱，并针对木材动态黏弹性的时（间）温（度）等效原理的适用性进行了验证与分析。

　　本书的主要研究工作是在国家林业局木材科学与技术重点实验室完成的。鲍甫成研究员、姜笑梅研究员、秦特夫研究员、赵广杰教授、鹿振友教授、蔡力平研究员、俞昌铭教授对研究方案提出了宝贵意见，黄荣凤、赵有科、高瑞清、周永东、李晓玲、江京辉、徐金梅、周玉成、殷亚方、吴玉章、阎昊鹏参加了部分实验工作，在本书的编写过程中还得到郝晓峰、余乐、徐康、詹天翼、韩晨静、赵丽媛同志的帮助，在此表示谢忱！本书参考引用了国内外有关的文献资料，在此谨向相关作者表示衷心感谢！

　　鉴于作者水平有限，书中难免存在不足之处，恳请读者批评指正。

吕建雄

2014 年 8 月于北京

目　　录

第1章　木材黏弹性的概念

1.1　引　　言

对于弹性固体，当应力在弹性极限以下时，一旦除去应力，固体的应变就完全消失。这种应力解除后立即产生应变完全回复的性质称作弹性。与弹性固体相对，还有一类黏性流体。黏性流体没有确定的形状，在应力作用下，产生的应变随时间的增加而连续增大，除去应力后应变不可回复，黏性流体所表现出的这个性质称为黏性。

木材作为一种生物高分子聚合物材料，同时具有弹性和黏性两种不同机制的变形。木材在长期载荷作用下的变形将逐渐增加，若载荷很小，经过一段时间后，变形将不再增加；当载荷超过某极限值时，变形随时间而增加，直至使木材破坏，木材的这种变形如同流体的性质，在运动时受黏性和时间的影响。所以，在讨论木材的变形时，需要同时考虑木材的弹性和黏性，将木材这种同时体现弹性固体和黏性流体的综合特性称作黏弹性。

目前，将讨论材料在外力作用下产生的变形和流动，即研究材料受载荷后的弹性和黏性的科学称为流变学（Rheology）。流变学是跨越"聚合物科学"、"材料科学"和"应用力学"的交叉学科（Tanner，2009），主要研究材料在应力/应变、温度、湿度、辐射等条件下与时间因素有关的变形和流动的规律。木质材料流变学主要涉及实体木材与木质复合材料流变行为的特性和机制，是认识木质材料的自然属性，从而对其进行有效利用的科学（王逢瑚，2005）。流变学研究的主要内容包括材料的蠕变、应力松弛现象（也称为静态黏弹性）及在周期性交变应力/应变作用下的滞后现象和力学损耗（也称为动态黏弹性）。

木材是一种黏弹性材料，但其常规机械力学性能，一般是基于弹性力学范畴，即在研究其性能时，首先假设木材是弹性体，当应力作用在木材上时，其应变在任何作用时间内均是恒定的。但实际情况并非如此，木材受到应力作用时，其应变是随时间变化的，一般情况下，应变随时间推移逐渐增加。这部分与时间相关的应变增量受木材自身的基本特性、载荷类型、载荷频率及外部环境温湿度等因素的影响。对于在振动条件下使用的木质材料或木制品来说，与静态力学性能相比，它们的动态力学性能更能客观地反映出实际使用条件下的情况。从实用的观点出发，木材在实际应用中常常受到动态交变载荷的作用，如木材用于铁轨的枕木、桥梁的结构件、乐器的面板、减震阻尼材料等。当木材作为刚性结构材料使用时，人们往往希望其具有足够的弹性刚度，以保持其形状的稳定性，同时，又希望材料具有一定的黏性，以避免脆性破坏；当木材用作减震或隔声等阻尼材料时，除了希望其具有足够的黏性外，减震效果也与弹性成分有关。在木材干燥、木材热处理、木材的可塑化处理、木材的大变形加工、压缩木制造、人造板热压及制浆造纸等工艺过程中，木材的黏弹性起着积极的作用。可见，表征木材的黏弹性具有重要的实践意义。此外，研究木材的黏弹性随温度、含水率、时间、载荷频率、升温速率、应力/应变水平等的变化，可以揭示许多关于木材的结构和分子运动的信息，对深入了解木材性质、合理并高效利用木材具有重要的理论价值和现实意义。

1.2　木材力学性能的特点

木材作为一种生物高分子的聚合物材料，与固体材料如金属、陶瓷等，在力学性能上都有一个共性，那就是具有弹性。在外力作用下立即发生形变，外力除去后，形变立即回复，形变对外力的响应是瞬间的，如图 1-1 所示。但这种弹性形变很小。当形变较大时，木材可能发生不可回复的塑性变形，甚至是脆性断裂。这种普遍存在的弹性称为普弹性，主要是应力引起原子或离子间键长、键角的变化所致。

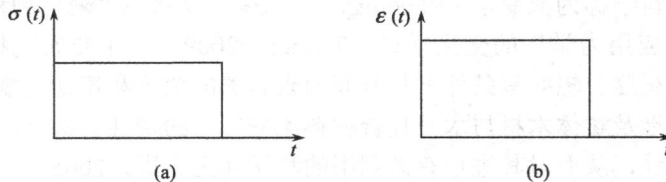

图 1-1　理想弹性体的应变（ε）对应力（σ）的响应
(a) 应力史；(b) 应变史

此外，进一步研究木材的力学性能，发现它们的性能还常常与时间有关。所谓与时间有关，是指同一种木材的力学性能，如刚度、强度、韧性、阻尼等，都会随载荷频率、升温速率、观察时间等时间因素的改变而发生明显的变化。例如，工程木结构梁或其他木制构件在长期载荷作用下发生严重变形，一些构件甚至在远小于极限载荷下遭到破坏，造成重大损失。这种弹性性能随时间因素的变化称为木材的弹性中带有一定的黏性。

木材在一定的外力、含水率和温度条件下会发生塑性变形，但木材的所谓"塑性"有别于其他塑性材料。通常的塑性材料，在外力去除后，形状并不随外力的去除而发生改变，而残留了变形，且这个变形一般不随温度、湿度等外部条件的变化而改变，所以称为永久变形。木材的"塑性"则表现为在外力去除后的一段时间内形状或变形不发生改变，外力施加的能量被木材的结合机构（在外力施加时所形成的一些氢键结合）所束缚，即木材细胞壁中的纤维素因被迫变形所积蓄的弹性能量无法释放，其变形被暂时固定，这时木材处于一种稳态，于是被认为是具有了一个塑性变形，但实际上这种稳态需要一个"外界条件也不发生变化"的前提才能够维持下去。一旦外界条件发生了变化，如温度升高、含水率增大时，木材内部活性化学基团的活动程度和连接方式将发生改变，一些氢键结合被打开，导致木材结构改变，这时原先被固定住的能量随结构的松动而被释放，木材细胞壁纤维素分子链的弹性恢复，在木材内部产生恢复其原有形状的力的作用，宏观表现为木材的变形逐渐回复、消失（刘一星等，2012）。这种现象称为木材的黏性中带有弹性。

无数事实表明，木材在力学性能上具有弹性和黏性的双重特点，即黏弹性。材料的弹性、黏性和黏弹性均需要一系列参数去表征。

1.3　弹性材料的模量、柔量和泊松比

众所周知，理想弹性体的应力-应变关系服从虎克定律，即应力与应变成正比，比例系数为弹性模量，

$$\sigma = E\varepsilon \tag{1-1}$$

式中，σ 为应力（Pa）；ε 为应变；E 为弹性模量（Pa）。这种应力-应变关系可以用图 1-2 中的直线表示。直线的斜率就是弹性模量。它表征材料的刚度，即材料抵抗形变的能力。材料的弹性模量越高，表示它抵抗形变的能力越强。弹性模量有拉伸模量、压缩模量、弯曲模量、剪切模量和体积模量之分，取决于材料的形变模式。材料形变的基本模式有如图 1-3 所示的 4 类。其中图 1-3（a）表示杆受单向拉伸的情况。设杆的起始长度为 l_0，截面积为 A_0。当它受到一个垂直于截面的外力 F 作用时，伸长至 l。如果伸长量较小，则杆的拉伸应变 ε 定义为

$$\varepsilon = \frac{l - l_0}{l_0} = \frac{\Delta l}{l_0} \tag{1-2}$$

拉伸应力 σ 定义为

$$\sigma = \frac{F}{A_0} \tag{1-3}$$

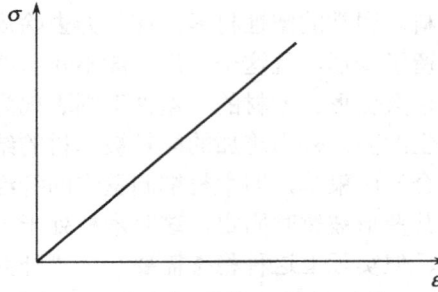

图 1-2　理想弹性体的应力-应变关系

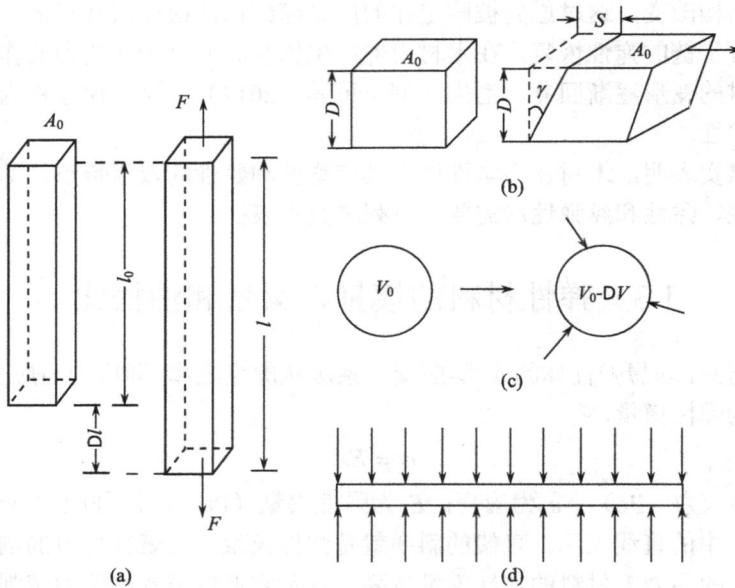

图 1-3　材料变形的基本模式（过梅丽，2002）

（a）单向拉伸；（b）(剪)切变形；（c）均匀压缩；（d）薄板压缩

　　图 1-3（b）表示矩形截面试件发生简单（剪）切形变的情况。厚度为 D 的试件因剪切力 F 的作用而偏斜一个角度 γ，偏移的截面距离为 S。（剪）切应变定义为 $\tan\gamma$，

$$\tan \gamma = \frac{S}{D} \tag{1-4}$$

当 γ 很小时，有

$$\gamma \approx \tan \gamma \tag{1-5}$$

（剪）切应力(τ)：

$$\tau = \frac{F}{A_0} \tag{1-6}$$

在简单（剪）切形变中，材料只发生形变而不发生体积的变化。

（剪）切应变也可以通过杆的扭转来产生，见图 1-4。设在长度为 l、半径为 r 的杆上施加一个力矩 T，使杆表面扭转一个角度 θ，则杆表面的（剪）切应变定义为

$$\gamma = \frac{r\theta}{l} \tag{1-7}$$

（剪）切应力为

$$\tau = \frac{2T}{\pi r^3} \tag{1-8}$$

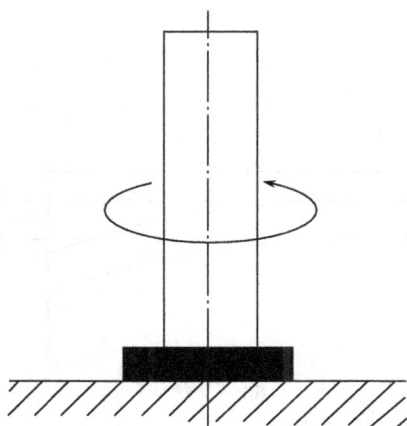

图 1-4　杆的扭转（过梅丽，2002）

图 1-3（c）表示起始体积为 V_0 的物体在流体静压力 P 的均匀压缩下，体积缩小 ΔV。在这种形变方式中，体积应变 Δ 定义为

$$\Delta = \frac{\Delta V}{V_0} \tag{1-9}$$

在上述 3 类不同的形变模式中，材料的弹性模量分别称为杨氏模量、剪切模量和体积模量，分别用 E、G 和 K 表示，

$$E = \frac{\sigma}{\varepsilon} \tag{1-10}$$

$$G = \frac{\tau}{\gamma} \qquad (1\text{-}11)$$

$$K = \frac{P}{\Delta} \qquad (1\text{-}12)$$

材料受单向压缩时，与单向拉伸唯一的差别是应力为负值。在理想条件下，材料的压缩杨氏模量等于其拉伸杨氏模量。但实际上，二者之间会有一定的区别。

材料的弯曲形变有多种方式，最常见的是三点弯曲和悬臂梁弯曲，如图 1-5 所示。其中 δ 称为挠度。弯曲形变中，试样中性面一侧受拉伸，另一侧受压缩。所以在材料弯曲中测定的也是杨氏模量。模量按式（1-13）～ 式（1-16）计算。

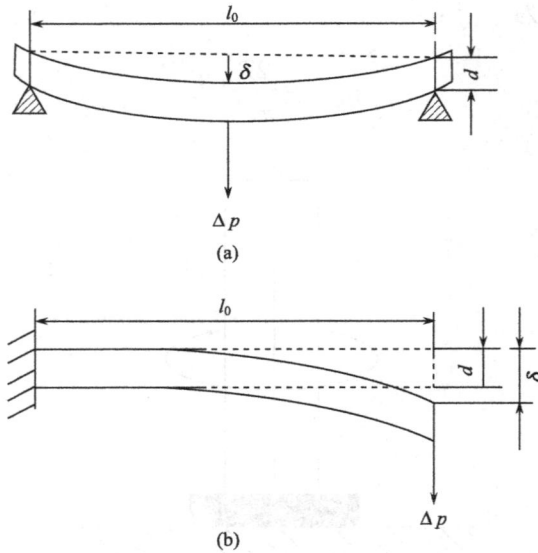

图 1-5　杆、棒的弯曲变形（过梅丽，2002）

（a）三点弯曲；（b）单悬臂梁弯曲

对跨距（三点弯曲中）或长度、宽度、厚度分别为 l_0、b、d 的矩形截面杆，有

$$E = \frac{\Delta P l_0^{3}}{4bd^{3}\delta} \quad （\text{三点弯曲}） \qquad (1\text{-}13)$$

$$E = \frac{4\Delta P l_0^{3}}{bd^{3}\delta} \quad （\text{单悬臂梁弯曲}） \qquad (1\text{-}14)$$

对跨距（三点弯曲中）或长度和截面半径分别为 l_0 和 r 的圆截面杆，有

$$E = \frac{\Delta P l_0^3}{12\pi r^4 \delta} \quad (三点弯曲) \tag{1-15}$$

$$E = \frac{4\Delta P l_0^3}{3\pi r^4 \delta} \quad (单悬臂梁弯曲) \tag{1-16}$$

当试样在纵向受到拉伸或压缩时，除纵向长度发生变化外，横向尺寸也要变化。横向应变与纵向应变之比称为泊松比，通常用 ν 表示：

$$\nu = \frac{\varepsilon_{横}}{\varepsilon_{纵}} \tag{1-17}$$

可以证明，如果材料在形变时体积不变，则泊松比为 0.5。大多数材料在形变时有体积变化（膨胀），泊松比为 0.2～0.5。

木材的组织构造因素决定了其具有各向异性特点，木材的绝大多数细胞和组织平行于树干沿轴向排列，而且树木形成层的分生方式决定了同一生长周期内主要细胞（轴向管胞或木纤维）的集合体在垂直于树干的横切面上来看，是呈同心圆排列的，这样就赋予了木材的圆柱对称性，使它成为近似呈柱面对称的正交对称性物体。因此可认为木材的弹性模量和泊松比具有正交异向的特点。表 1-1 列出了 7 种木材的弹性模量和泊松比（刘一星等，2012）。

表 1-1　7 种木材的弹性模量和泊松比

材料	密度 /(g/cm³)	含水率 /%	E_L /MPa	E_R /MPa	E_T /MPa	G_{LT} /MPa	G_{LR} /MPa	G_{RT} /MPa	ν_{RT}	ν_{LR}	ν_{LT}
云杉	0.39	12	11583	896	496	690	758	39	0.43	0.37	0.47
松木	0.55	10	16272	1103	573	676	1172	66	0.68	0.42	0.51
花旗松	0.59	9	16400	1300	900	910	1180	79	0.63	0.43	0.37
轻木	0.20	9	6274	296	103	200	310	33	0.66	0.23	0.49
核桃木	0.59	11	11239	1172	621	690	896	228	0.72	0.49	0.63
白蜡木	0.67	9	15790	1516	827	896	1310	269	0.71	0.46	0.51
山毛榉	0.75	11	13700	2240	1140	1060	1610	460	0.75	0.45	0.51

注：E 代表杨氏模量；G 代表剪切模量；ν 代表泊松比；E_L 为顺纹（L）杨氏模量；E_R 为水平径向（R）杨氏模量；E_T 为水平弦向（T）杨氏模量；G_{LT} 为顺纹-弦面剪切模量；G_{LR} 为顺纹-径面剪切模量；G_{RT} 为水平面剪切模量；ν_{RT} 为 T 向压力应变/R 向延展应变；ν_{LR} 为 R 向压力应变/L 向延展应变；ν_{LT} 为 T 向压力应变/L 向延展应变

从表 1-1 中数据可以看出，木材是高度各向异性材料，纵、横向的差异程度可能是所有建筑材料中最高的。木材 3 个主方向的弹性模量一般表现为顺纹杨氏模量（E_L）比横纹杨氏模量（E_R、E_T）大得多，横纹杨氏模量中一般为径向大于弦向，即 $E_L \gg E_R > E_T$。木材剪切模量的规律通常为 $G_{LR} > G_{LT} > G_{RT}$，横切面上值最小。木材的泊松比与其他材料相比为大，在正交异向上一般表现为 $v_{RT} > v_{LT} > v_{LR}$。

当薄片状材料在厚度方向上受到法向应力作用时，如图 1-3（d）所示，由于试样的横向尺寸远远大于厚度，其横向应变几乎可忽略不计。在这类形变方式中，厚度方向上的应力与应变之比定义为纵向模量 L。它与体积模量 K 和剪切模量 G 之间的关系为

$$L = K + \frac{4}{3}G \tag{1-18}$$

模量的倒数称为柔量。杨氏模量的倒数称为拉伸柔量，常用 D 表示；剪切模量的倒数称为剪切柔量，常用 J 表示；体积模量的倒数称为可压缩度，常用 B 表示；纵向模量的倒数称为纵向柔量，常用 H 表示，

$$D = \frac{1}{E} \tag{1-19}$$

$$J = \frac{1}{G} \tag{1-20}$$

$$B = \frac{1}{K} \tag{1-21}$$

$$H = \frac{1}{L} \tag{1-22}$$

对于理想的弹性材料，模量、柔量和泊松比都是与时间无关的性能参数，因为弹性材料的应力-应变响应是瞬间的。

1.4　黏性流体的黏度

液体的流动是指液体在外力作用下其中的分子在力的作用方向上发生相对迁移。分子的相对迁移需克服分子间的摩擦力，宏观上表现为液体具有一定的黏度，所以液体也称为黏性流体。

根据黏性流体在流动中的形变模式，可以分为剪切流动、拉伸流动和流体静压流动。剪切流动中黏性流体以薄层流动，层与层之间有速度梯度。速度梯度的方向与流动方向垂直，称为横向速度梯度 dv_x/dy，如图 1-6 所示。

从形变角度考虑，厚度为 dy 的黏性体在 dt 时间内产生的剪切应变 $d\gamma$ 为

$$d\gamma = \frac{dx}{dy} \tag{1-23}$$

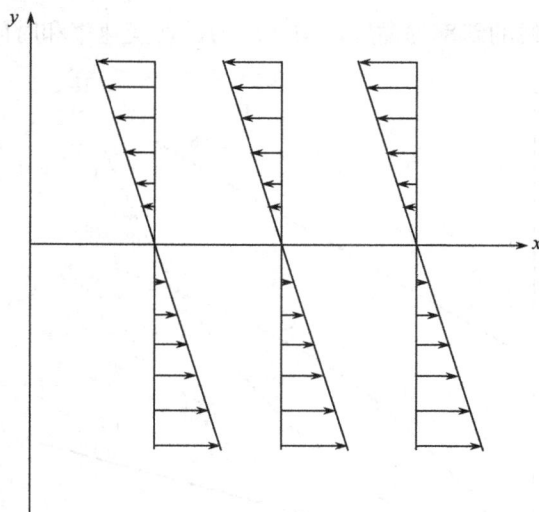

图 1-6 横向速度梯度示意图（过梅丽，2002）

式中，dx 是间距为 dy 的两层液体在 dt 时间内沿 x 方向上的相对位移。切变速率 $\dot{\gamma}$（s^{-1}）定义为

$$\dot{\gamma} = \frac{d\gamma}{dt} \qquad (1\text{-}24)$$

将式（1-24）对时间微分，可以得到：

$$\dot{\gamma} = \frac{d\gamma}{dt} = \frac{dx}{dy(dt)} = \frac{dv_x}{dy} \qquad (1\text{-}25)$$

可见切变速率就是横向速度梯度。

拉伸流动的基本特点是速度梯度的方向与流动方向平行，称为纵向速度梯度。黏性流体通过变截面流道流动时，都含有拉伸流动的成分。

此外，黏性流体在静压力作用下的体积压缩实际上也是一种流动，称为流体静压流动。

研究表明，理想黏性体的流变行为服从牛顿定律，即应力与应变速率成正比，比例系数为黏度。以剪切流动为例，牛顿定律的表达式为

$$\tau = \eta \frac{d\gamma}{dt} = \eta \dot{\gamma} \qquad (1\text{-}26)$$

式中，τ 为（剪）切应力（Pa）；$\dot{\gamma}$ 为切变速率（s^{-1}）；η 为（剪）切黏度（Pa·s）。流变行为遵循牛顿定律的黏性流体称为牛顿流体。其行为可以用如图 1-7 中所示

的直线 a 表示。直线的斜率为黏度，与切应力、切变速率和时间都无关。

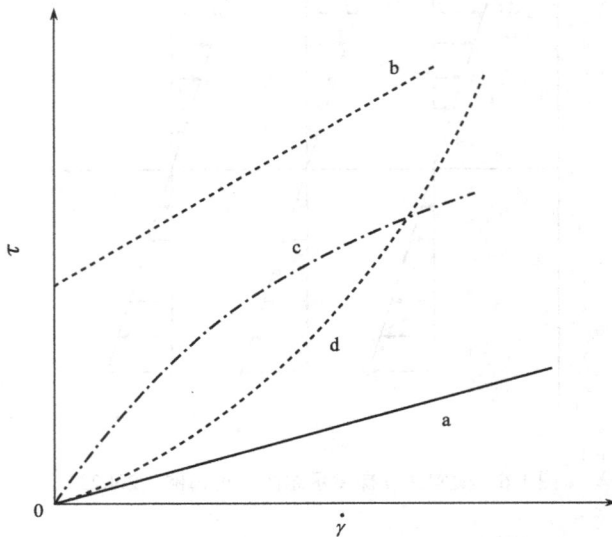

图 1-7　牛顿流体与非牛顿流体的流变曲线（过梅丽，2002）
a. 牛顿流体；b. 宾汉姆塑性流体；c. 假塑性流体；d. 膨胀性流体

　　许多实际黏性流体的流变行为并不服从牛顿定律。以剪切流动为例，如果流体的黏度与（剪）切应力或切变速率有关，则这种流体称为非牛顿流体。非牛顿流体在任何切变速率下的（剪）切应力与切变速率之比定义为表观黏度，用 η_a 表示。非牛顿流体的类型很多，最常见的有宾汉姆（Bingham）塑性流体（图 1-7 中的直线 b）、假塑性流体（也称作切力变稀流体，图 1-7 中的曲线 c）和膨胀性流体（也称作切力增稠流体，图 1-7 中的曲线 d）。牛顿和非牛顿流体的流变曲线对切变速率的依赖性如图 1-7 所示。

1.5　黏弹性材料的力学行为

　　如前所述，理想弹性体的弹性服从虎克定律，即应力与应变成正比，比例系数为弹性模量，而且应力-应变的响应是瞬间的；理想黏性体的黏性服从牛顿定律，即应力与应变速率成正比，比例系数为黏度。若将式(1-26)改写并两边积分，可得到：

$$\gamma(t) = \frac{\tau}{\eta} t \qquad (1\text{-}27)$$

即在恒定应力作用下，应变随时间线性地增长。

　　黏弹性材料的力学行为既不服从虎克定律，也不服从牛顿定律，而是介于两者之间：应力同时依赖于应变与应变速率。图 1-8 是英国流变学会发表的关于物质变形和流动的分类图。其中最左端（Ⅰ）是服从虎克定律的理想弹性体，最右端（Ⅸ）是服从牛顿定律的理想黏性体。（Ⅱ）是不服从虎克定律的弹性体，应力（σ）和应变（ε）之间关系是非线性的，但卸载后变形能够瞬间回复到初始状态。从这个意义上看，属于理想弹性变形。非理想的弹性变形，是在一定应力作用下，变形随时间变化，卸载后变形渐渐地减少，包括完全回复者（Ⅲ），或残留永久变形（不完全回复者）（Ⅳ）两种。前者（Ⅲ）是在一定应力作用下，经过充分时间后，得到一定的变形，但应变和应力之间未必呈线性关系；后者（Ⅳ）变形中存在着流动部分，有一种是应力小时不产生流动（Ⅳ），另一种是即使应力小时也会产生流动（Ⅶ）。一般当应力超过某个界限时，开始发生流动者称为塑性，此应力界限值称为屈服值。图 1-8 中（Ⅳ）、（Ⅴ）、（Ⅵ）属于此类。（Ⅴ）和（Ⅵ）卸载时，变形完全不可回复，因此不属于弹性变形范围，属于流动。在塑性流动中，将超过屈服值时发生的流动行为和牛顿流体相同者称为宾汉姆（Bingham）塑性。（Ⅶ）和（Ⅷ）变形速率（$d\varepsilon/dt$）与应力（σ）之间呈非比例关系，因此属于非牛顿流体，但（Ⅶ）卸载后，变形会稍许回复至初始状态，因此，还具有弹性性质，即黏弹性（赵广杰，2001）。如果黏弹性是理想弹性与理想黏性的线性叠加，则称为线性黏弹性。

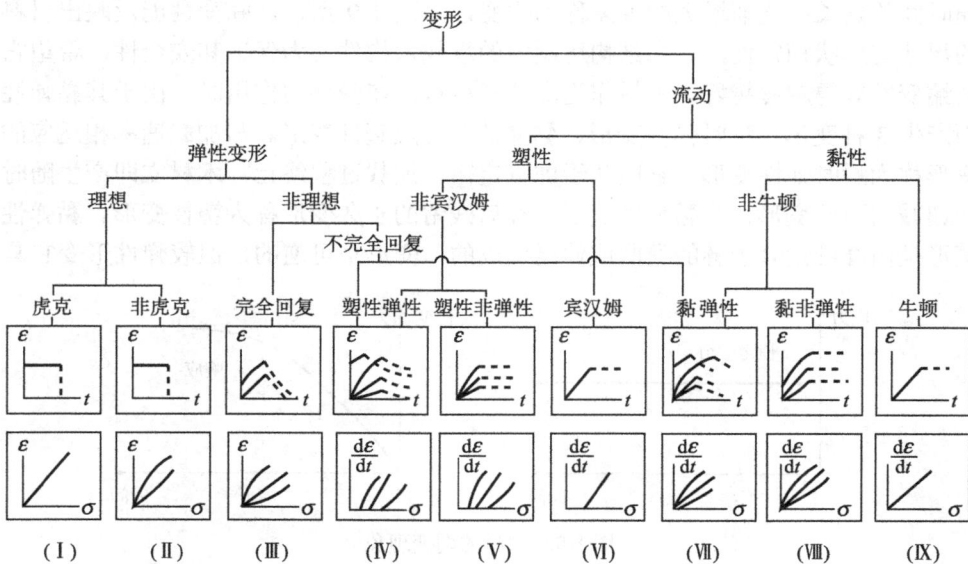

图 1-8　物质变形和流动的分类（British Rheologists' Club，1942）

在恒定应力作用下，理想弹性体（Ⅰ）的应变不随时间而变化；理想黏性体（Ⅸ）的应变随时间线性增长；而黏弹体（Ⅶ）的应变随时间做非线性变化。应力除去后，理想弹性体的应变立即回复；理想黏性体的应变保持不变，即完全不可回复；而黏弹体的应变随时间逐渐且部分地回复。这是因为当弹性体受到外力作用时，它能将外力对它做的功全部以弹性能的形式储存起来，外力一旦除去，弹性体就通过弹性能的释放使应变立即全部回复。另外，对于理想黏性体来说，外力对它做的功将全部消耗于克服分子之间的摩擦力以实现分子间的相对迁移，即外力做的功全部以热的形式消耗掉了，因此外力除去后，应变完全不可回复。至于黏弹体，因为它既有弹性又有黏性，所以外力对它所做功中一部分将以弹性能的形式储存起来，另一部分又以热的形式消耗掉。外力除去后，弹性形变部分可回复，黏性形变部分不可回复。

1.6　木材的黏弹性

1.6.1　木材黏弹性的分类

木材作为一种黏弹性材料，它的黏弹性表现在一切力学行为中，但蠕变、应力松弛及动态条件下的滞后现象与力学损耗通常被认为是最典型的 3 种表现形式。其中，蠕变和应力松弛属于静态黏弹性，而后者则属于动态黏弹性。

在一定的温度和较小的恒定外力（拉力、压力或扭力等）作用下，木材形变随时间的延长而逐渐增大的现象称为蠕变，如图 1-9 所示。蠕变性能反映出材料的尺寸与形状稳定性，如木结构房屋中的承载木构件，为保证其安全性，希望它的蠕变发展得越慢越好。木材作为高分子材料，在受外力作用时，由于其黏弹性而产生 3 种变形：瞬时弹性变形、黏弹性变形及塑性变形。与加载速率相适应的变形称为瞬时弹性变形，它服从于虎克定律；加载过程终止，木材立即产生随时间递减的弹性变形，称黏弹性变形；最后残留的永久变形称为塑性变形。黏弹性变形是由纤维素分子链的卷曲或伸展造成的，变形是可逆的，但较弹性形变它具

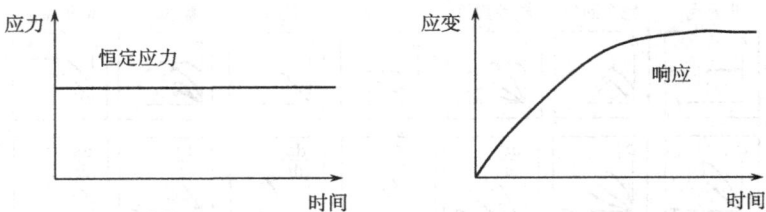

图 1-9　木材的蠕变现象

有时间滞后性。塑性变形是纤维素分子链因载荷作用而发生彼此滑动，变形是不可逆的。

应力松弛是指在恒定温度和形变保持不变的情况下，木材内部的应力随时间增加而逐渐衰减的现象，如图 1-10 所示。对于密封用制件来说，为保证其密封寿命，希望它的应力松弛越慢越好；在木制品的压缩成型过程中，为减少制品中的残余内应力造成的回弹，希望在压缩过程中应力松弛得越快越好；在木材干燥过程中，为了减少干燥缺陷，提高干燥质量，也希望干燥应力松弛得越快越好。产生蠕变的材料必然会产生松弛。松弛与蠕变的区别在于：在蠕变中，应力是常数，应变是随时间变化的可变量；而在松弛中，应变是常数，应力是随时间变化的可变量。

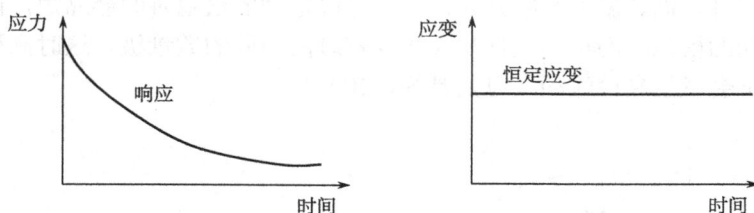

图 1-10　木材的应力松弛现象

关于动态条件下的黏弹性，将在下一章中详细讨论。

1.6.2　高聚物的力学状态和热转变

高聚物的力学性能在本质上是分子运动状态的反映。分子的运动状态取决于分子运动的松弛时间与实验观察时间的相对长短。在一定的外界条件下，高聚物从一种平衡态，通过分子的热运动，达到与外界条件相适应的新的平衡态，这个过程是一个速度过程，称为松弛过程（何曼君等，2000）。松弛时间是用来描述松弛过程快慢的物理量。在给定的外力和观察的时间标尺下，运动单元从一个平衡态过渡到另一个平衡态的快慢，取决于其松弛时间的长短。高聚物中有大小不同的多重运动单元，每一重运动单元运动的松弛时间不同，且都具有强烈的温度依赖性。而观察时间实际上取决于实验条件或使用条件，如温度、升温速率、载荷频率、力的作用速率等。

以最简单的均相非晶态高聚物为例，其力学性质随温度变化可以划分为 3 种力学状态，即玻璃态、高弹态和黏流态（图 1-11）。玻璃态与高弹态之间的转变温度称为玻璃化转变温度，通常用 T_g 表示。高弹态与黏流态之间的转变温度称为黏流温度，用 T_f 表示。均相非晶高聚物随温度变化出现的 3 种力学状态，实质上是其内部分子处于不同运动状态的宏观表现。在玻璃态下，由于温度较低，分子运动的能量很低，不足以克服主链内旋转的位垒，因此不足以激发链段的运动，链段处于被冻结的状态，只有那些较小的运动单元，如侧基、支链和小链节能够运动，因此高分子链不能实现从一种构象到另一种构象的转变。也就是说，链段运动的松弛时间几乎为无穷大，远远超过了实验测量的时间范围。这时高聚物的模量高、脆性大。随着温度的升高，分子热运动能量逐渐增加，当达到某一特定温度时，分子热运动的能量足以克服内旋转的位垒，这时链段运动被激发，链段可以通过主链中单键的内旋转不断改变构象，甚至可以使部分链段发生滑移。即当温度升高到某一特定值，链段运动的松弛时间减少到与实际测量时间在同一个数量级时，便可以观察到链段运动，此时高聚物进入高弹态，发生玻璃化转变，模量急剧下降。倘若温度继续升高，不仅链段运动的松弛时间会缩短，而且整个分子链运动的松弛时间也缩短到与实验观察时间相同的数量级，这时高聚物在外力的作用下会发生黏性流动（何曼君等，2000）。

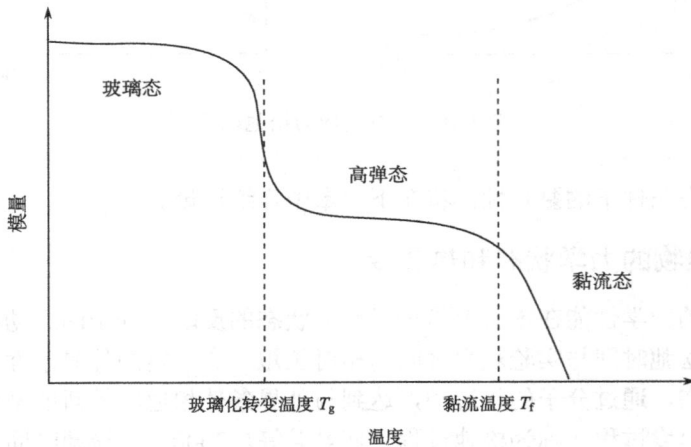

图 1-11　均相非晶高聚物的模量-温度曲线（何曼君等，2000）

　　对于结构复杂的高聚物，其力学状态和松弛转变行为要比均相非晶高聚物的情况复杂得多。就木材而言，可将其看作是由纤维素、半纤维素和木质素共同构成的共混高聚物，其中，纤维素、半纤维素和木质素又可分别视为部分结晶的高聚物、非晶态线形高聚物和非晶态交联高聚物。由此可见，木材的力学状态和松弛转变行为更为复杂。

1.6.3　木材的松弛转变

　　木材是由纤维素、半纤维素和木质素及少量有机内含物（抽提物）和无机物（灰分）组成的一种复杂的高分子材料。纤维素大分子是由许多葡萄糖残基相互以糖苷键组成的线形聚合物，纤维素大分子之间形成连续结构，在大分子最致密的地方，分子链平行排列，定向良好，形成纤维素的结晶区。当致密度减小，大分子链彼此之间的结合程度也减弱，而有较大的间隙，排列也趋于不平行，成为纤维素的非结晶区，或称无定形区。半纤维素是由 2 种或 2 种以上的糖基构成的带有各种短侧链的无定形高聚物。木质素是一种芳香族的、具有三度空间、网状结构的无定形高聚物。纤维素作为骨架物质，填入由一部分半纤维素和木质素共同构成的基体物质（matrix）中，半纤维素在纤维素和木质素之间起连接作用。

　　木材的组织结构和化学成分具有多重性的特点，进而决定了其力学状态和松弛转变行为与均相非晶高聚物的情况相比具有很大差异，表现得更为复杂。主要体现在：① 木材中结晶区与非晶区并存，非晶区会发生各种松弛转变，这些松弛转变在不同程度上会受到结晶区的牵制；② 木材不会发生黏性流动，即不具备明显的黏流态，而是在一定的温度下出现热解现象；③ 木材的非晶化学成分发生玻璃化转变时，木材模量的降低程度较为缓和；④ 木材的松弛转变行为具有多重性，在不同的温度下会出现一系列的力学松弛过程；⑤ 木材的力学松弛过程对水分有强烈的依赖性；⑥ 木材黏弹性具有各向异性的特点。由此可见，研究木材的流变行为是涉及多学科、多因素的复杂问题。

第 2 章 木材动态黏弹性基础理论

2.1 引   言

   木材的动态力学行为是指木材在振动条件下，即在交变应力（或交变应变）作用下做出的响应。它不同于木材的静态力学行为，后者是指木材在恒定或单调递增应力（或应变）作用下的行为。木材的疲劳行为也属动态力学行为之一，但疲劳测试通常是在较高的应力水平（如在木材断裂强度的 50%以上）下进行的，而本书所采用的动态力学分析方法则在很低的应力水平（远低于木材的屈服强度）下进行，所得到的基本性能参数是木材的动态刚度和阻尼，即木材的动态黏弹性质。

   研究木材动态黏弹性的重要性和必要性主要体现在以下 3 个方面。

   （1）对于任何材料，不论结构材料或功能材料，力学性能总是最基本的性能。对于在振动条件下使用的木材或木制品，它们的动态力学性能比静态力学性能更能反映实际使用条件下的性能。

   （2）通过动态力学实验可以同时提供材料的弹性和黏性性能。

   （3）弄清楚木材的刚度与阻尼随温度、频率和（或）时间的变化规律，这些信息对评估木材的质量、确定木材的加工条件与使用条件、评价木材或木构件的减震特性等都具有重要的实用价值。

2.2   黏弹性材料的动态力学性能基本参数

   动态条件下材料的黏弹性是指材料在交变应力（或应变）作用下的应变（或应力）响应。动态力学实验一般是在对试样施加正弦应力或正弦应变的条件下进行的。对材料施加一个正弦交变应力，表示为

$$\sigma(t) = \sigma_0 \sin \omega t \tag{2-1}$$

式中，σ_0 为应力振幅；ω 为角频率（单位：rad）。试样在正弦交变应力 [图 2-1(a)]作用下作出的应变响应随材料的性质而发生变化。

   对于理想弹性体，由于应变对应力的响应是瞬时的，因此对正弦交变应力的应变响应必定是与应力同相位的正弦函数 [图 2-1（b）中实线]。

   对于理想黏性体，应变响应滞后于应力 90° [图 2-1（b）中点划线]。

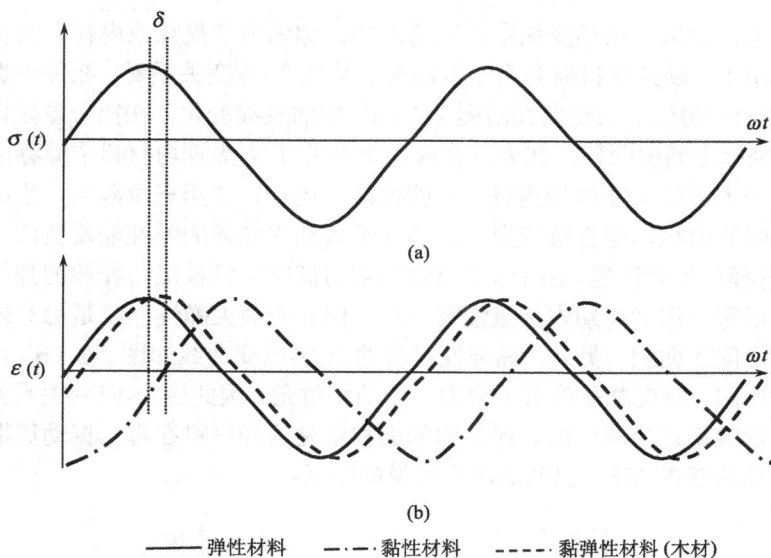

图 2-1　各种材料对动态交变应力（a）的应变响应（b）

对于黏弹性材料（如木材），应变将滞后于应力一个相位角（$0° < \delta < 90°$）〔图 2-1（b）中虚线〕，

$$\varepsilon(t) = \varepsilon_0 \sin(\omega t - \delta) \tag{2-2}$$

展开式（2-2），得

$$\varepsilon(t) = \varepsilon_0 (\cos\delta \sin\omega t - \sin\delta \cos\omega t) \tag{2-3}$$

可见，应变响应包括 2 项：第一项与应力同相位，体现材料的弹性；第二项比应力落后 90°，体现材料的黏性。

定义 E' 为同相位的应力和应变的比值，而 E'' 为相差 90° 的应力和应变的比值，即

$$E' = (\sigma_0 / \varepsilon_0)\cos\delta \tag{2-4}$$

$$E'' = (\sigma_0 / \varepsilon_0)\sin\delta \tag{2-5}$$

$$E^* = (\sigma_0 / \varepsilon_0)(\cos\delta + i\sin\delta) = E' + iE'' \tag{2-6}$$

复数模量 E^* 的实数部分 E' 为贮存模量（storage modulus），表征材料在形变过程中由于弹性形变而储存的能量；虚数部分 E'' 为损耗模量（loss modulus），表征材料在形变过程中因黏性形变而以热的形式损耗的能量。

当应力的变化和形变的变化相一致时，没有滞后现象，每次形变所做的功等于恢复原状时取得的功，没有功的损耗。如果形变的变化落后于应力的变化，发

生滞后现象，则每一循环变化中就要消耗功，称为力学损耗或内耗。为什么在交变应力作用下，黏弹性材料会产生内耗呢？从应力-应变关系看，在每一振动周期内，弹性材料的应力-应变曲线沿图 2-2（a）中的直线变化。在第一象限内，直线 OA 与横坐标之间的面积，代表在正应力上升的 1/4 周期内材料中储存的弹性能及在正应力下降的 1/4 周期内释放的弹性能。同理，在第三象限内，直线 OB 与横坐标之间的面积，等于负应力上升的 1/4 周期内储存的弹性能及负应力下降的 1/4 周期内释放的弹性能。由于相邻 1/4 周期内储存的弹性能与释放的弹性能始终相等，所以每一振动周期内能量没有损耗。储存的最大弹性能就是 OA 或 OB 线与横坐标之间的面积。另外，黏弹性材料的应力-应变曲线如图 2-2（b）所示。由于黏性的作用，应变总是落后于应力一定的相位角，因此应力-应变关系就不再是直线，而形成稳定的滞后圈。滞后圈的面积就是这种材料在每一振动周期内以热的形式损耗的能量 ΔW，也就是通常所说的阻尼。

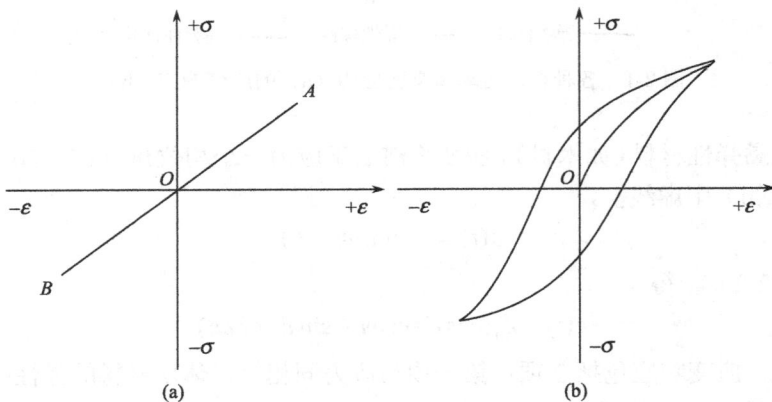

图 2-2　动态应力-应变关系（过梅丽，2002）

（a）弹性材料；（b）黏弹性材料

力学损耗有多种不同的表征方式。

（1）黏弹性材料在正弦应力或正弦应变作用下的应力-应变曲线达到平衡时，形成一个稳定的滞后圈。将滞后圈面积进行积分，计算得到每个循环周期中单位体积损耗的能量即为力学损耗：

$$\Delta W = \pi E'' \varepsilon_0{}^2 \tag{2-7}$$

它表明每一循环周期的能量损耗正比于损耗模量和应变振幅的平方。

（2）定义每个循环周期中损耗能量 ΔW 与最大储存能量 W 之比值为力学损耗：

$$\Psi = \Delta W / W = 2\pi\tan\delta \qquad\qquad (2\text{-}8)$$

（3）以损耗角正切或损耗因子 $\tan\delta$ 表征：

$$\tan\delta = E'' / E' \qquad\qquad (2\text{-}9)$$

这种表征方式在材料黏弹性研究中最为常用。

需要指出的是，不同的动态力学实验方法定义的物理量不同，力学损耗的表征方式也不同。如扭摆式自由振动法动态力学实验中用对数减量 Λ 表征力学损耗；强迫共振法中用共振峰宽度 $\Delta f_n / f_m$ 表征力学损耗。

小结：表征材料动态黏弹性能的基本参数有 E'、E'' 及 ΔW、$\tan\delta$ 等。其中，E' 表征材料的弹性（刚度），其他参数表征材料的黏性（阻尼）。

2.3　黏弹性材料的动态力学性能温度谱

2.3.1　微观分子运动与宏观性质的关系简述

与小分子相比，高分子链结构的最大特点是长而柔。柔性高分子在运动上最大的特点是分子的一部分可以相对于另一部分做独立运动。高分子链中能够独立运动的最小单元称为链段。按照运动单元的大小，可以把高分子的这些运动单元分为大尺寸和小尺寸两类，大尺寸运动单元指整个高分子链，小尺寸运动单元指链段、链节、支链和侧基。这样，把以整个分子链为单元发生重心迁移的运动称为布朗运动；在分子链重心基本不变的前提下实现链段之间的相对运动，或者比链段更小的单元做一定程度的受限运动称为微布朗运动。体现了高分子运动单元的多重性。

在一定的外界条件下，运动单元从一种平衡状态，通过分子的热运动，达到与外界条件相适应的新的平衡态，这个过程是一个速度过程。由于运动单元从一个平衡位置运动到另一个平衡位置所受到的摩擦力一般是很大的，这个过程通常是慢慢完成的，因此，这个过程也称为松弛过程。用松弛时间 τ 表征松弛过程快慢的物理量，它与运动单元的活化能、温度与所受应力之间的关系可以用下式表示：

$$\tau = \tau_0 e^{(\Delta E - \gamma\sigma)/RT} \qquad\qquad (2\text{-}10)$$

式中，τ_0 是一个常数；R 为气体常数；T 是绝对温度（K）；γ 是比例系数；σ 是应力；ΔE 是松弛过程所需要的活化能，即相应运动单元活化所需要的能量。在相同的测试环境下，分子运动单元越小，则其运动活化能越低，运动的松弛时间越短。高分子具有多重大小不同的运动单元，在相同温度下它们运动的松弛时间差别极大，短的小于 10^{-10} s，长的以秒、分钟、小时、天或更长的时间计。就同一重运动单元而言，温度越高或所受的应力越大，则其运动的松弛时间就越短。

任何一重运动单元的运动是否自由，取决于其运动的松弛时间与观察时间之比。设在一定的温度下，某一重运动单元运动的松弛时间为 τ，实验观察时间为 t，则当 $t \ll \tau$ 时，运动单元的运动在这有限的观察时间内根本表现不出来，在这种情况下，可以认为，这重运动单元的运动被"冻结"了；相反，当 $t \gg \tau$ 时，运动单元的运动能在观察时间内充分表现出来，这时，可以认为这重运动单元的运动很自由；而当 $t \approx \tau$ 时，运动单元有一定的运动能力，但不够自由。

任何物质的性能都是该物质内分子运动的反映。当运动单元的运动状态不同时，物质就表现出不同的宏观性能。以非晶态高聚物的链段运动与其力学性能间的关系为例，当链段运动被冻结时，这种高聚物表现为刚硬的玻璃态，弹性模量高而弹性形变小，典型的模量为 $1 \sim 10$ GPa；而当链段能自由运动时，高聚物表现为柔软而富有高弹性的高弹态，弹性模量低而弹性形变大，典型的模量为 $1 \sim 10$ MPa。链段运动在性能上的反映是否能被观察到，既可通过固定观察时间而改变链段运动的松弛时间来实现，也可以通过固定链段运动的松弛时间而改变观察时间来实现。例如，在动态力学测试中，固定频率就相当于固定观察时间（$t = 1/\omega$），改变温度就可以改变链段（及其他运动单元）运动的松弛时间。

非晶态高聚物在固定频率下玻璃化转变前后的动态力学性能随温度的变化将如图 2-3 所示：温度较低时，由于 $\tau_{链段} \gg 1/\omega$，链段运动被冻结，高聚物表现为玻璃态；随温度的升高，$\tau_{链段}$ 减小；当温度足够高，从而满足 $\tau_{链段} \ll 1/\omega$，即链段运动自由时，高聚物表现为高弹态；期间，$\tau_{链段} \approx 1/\omega$ 时，对应的温度就是玻璃化转变温度。从力学损耗的角度来看，当链段运动被冻结时，由于不存在链段之

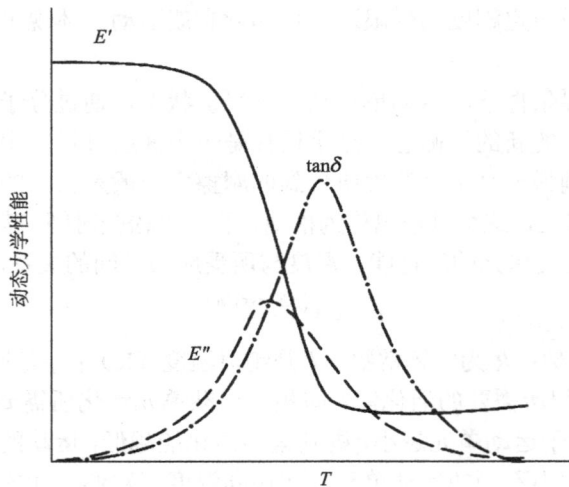

图 2-3　固定频率下非晶态高聚物玻璃化转变前后的动态力学性能随温度（T）的变化
（过梅丽，2002）

间的相对迁移，不必克服链段之间的摩擦力，内耗非常小；而当链段运动自由时，意味着链段之间的相互作用很小，链段相对迁移所需克服的摩擦力也不大，因而内耗也很小；仅在链段运动从解冻开始转变至自由的过程中，链段虽具有一定的运动能力，但运动中需克服较大的摩擦力，因而内耗较大，并在玻璃化转变温度下达到极大值。

　　链段运动状态的转变也可以在恒定温度下通过改变频率而获得。图 2-4 给出了非晶态高聚物在固定温度下玻璃化转变前后的动态力学性能随频率的变化示意图。如图 2-4 所示：当频率足够低，从而 $1/\omega \gg \tau_{链段}$，高聚物表现为高弹态；当频率足够高，从而 $1/\omega \ll \tau_{链段}$，高聚物表现为玻璃态；而在 $1/\omega \approx \tau_{链段}$ 时，高聚物发生玻璃化转变。实际上，正是通过动态力学实验，测定运动单元运动状态发生转变的特征频率 ω，就可获得该重运动单元的松弛时间 τ。

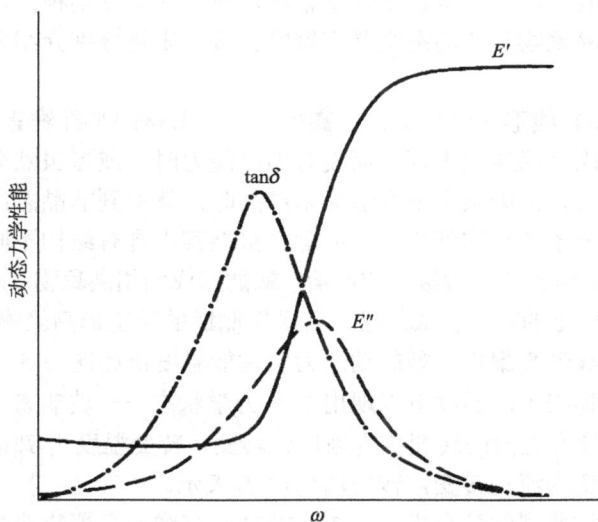

图 2-4　固定温度下非晶态高聚物玻璃化转变前后的动态力学性能随角频率（ω）的变化
（过梅丽，2002）

　　上述改变链段运动状态的途径对其他多重运动单元也同样适合。

　　材料的力学状态发生转变时，材料的一切性能，如热性能（比容、比热容等）、力学性能（如模量、强度、阻尼等）、电学性能（如介电常数、介电损耗、电导率等）与光学性能（如折射率）都发生剧变甚至突变。正因为如此，可以通过测定材料各种性能随温度的变化来确定其玻璃化转变温度。

2.3.2　动态力学性能温度谱

材料在固定频率下动态力学性能随温度的变化称为动态力学性能温度谱。虽然黏弹性材料的模量随温度的变化也能从静态力学测试得到，但动态力学测试具有以下优点：① 只需要 1 块小试样就能在较短的时间内获得材料的模量与阻尼在宽阔温度范围内的连续变化，而采用静态力学测试，不仅需要大量试样，而且只能在分立的若干个温度下测定，更得不到有关阻尼的信息；② 动态力学测试中，材料中每一重分子运动单元运动状态的转变（包括主转变与次级转变），都会在阻尼与温度的关系曲线上有明显的反映。而在静态力学实验中，次级转变因其引起的模量变化比较小，容易被忽略。

从材料学的角度看，可将木材看作是由纤维素、半纤维素和木质素共同构成的共混高聚物，其中，纤维素、半纤维素和木质素又可分别视为部分结晶的高聚物、非晶态线形高聚物和非晶态交联高聚物。接下来将分别介绍各类高聚物的动态力学性能温度谱。

1）均相非晶态线形（包括支化）高聚物——木材的半纤维素

当高分子链因空间结构不规整而没有结晶能力时，或者虽然分子链结构较规整而具有结晶能力，但因条件不合适而未结晶时，就得到非晶态高聚物。如果组成高聚物的所有分子链结构都相同，或者，虽然其中含有结构不同的两种或多种分子链，但彼此能达到分子量级上的混溶，就能形成均相高聚物。木材的半纤维素是由 2 种或 2 种以上的糖基构成的带有各种短侧链的无定形高聚物，属于这一类。

均相非晶态线形高聚物典型的动态力学性能温度谱如图 2-5 所示。由图 2-5 可见，这类高聚物在不同温度下表现出 3 种力学状态——玻璃态、高弹态和黏流态，玻璃态与高弹态之间的转变称为玻璃化转变，转变温度用 T_g 表示；高弹态与黏流态之间的转变为流动转变，转变温度用 T_f 表示。

玻璃态高聚物典型的贮存模量为 $1 \sim 10\mathrm{GPa}$，高弹态高聚物典型的贮存模量为 $1 \sim 10\mathrm{MPa}$。在玻璃化转变温度范围内，贮存模量 E' 发生三四个数量级的变化，损耗模量 E'' 和损耗因子 $\tan\delta$ 都出现极大值，但 $\tan\delta$ 峰所对应的温度比损耗模量峰对应的温度要高一些。

在动态力学测试中，有 3 种定义玻璃化转变温度的方法，如图 2-6 所示。第一种是切线法，即将贮存模量 E' 曲线上折点所对应的温度定义为 T_g，如图 2-6（a）所示；第二种是将损耗模量 E'' 峰所对应的温度定义为 T_g，如图 2-6（b）所示；第三种是将损耗因子 $\tan\delta$ 峰对应的温度定义为 T_g，如图 2-6（c）所示。由此获得的 3 个 T_g 值依次增高。在应用动态力学测试技术时，可以采用其中任何一种方法来定义 T_g。但在比较一系列高聚物的性能时，应固定一种定义法。在 ISO 标准中，

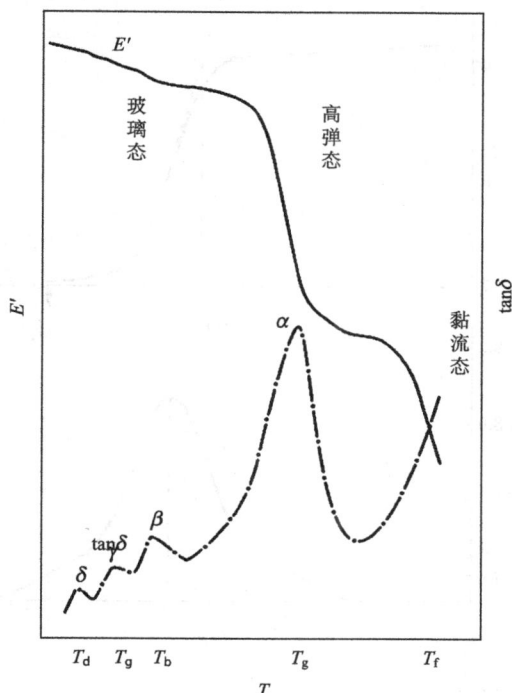

图 2-5　均相非晶态线形高聚物的典型动态力学性能温度谱（过梅丽，2002）

建议以损耗模量峰所对应的温度为 T_g。习惯上，在以 T_g 表征结构材料的最高使用温度时，用第一种方法定义 T_g，因为只有这样才能保证结构材料在使用温度范围内模量不出现大的变化，从而保证结构件的尺寸与形状的稳定性；而在研究阻尼材料时，常以 tanδ 峰对应的温度作为 T_g。

非晶态高聚物的玻璃化转变，本质上是链段运动发生冻结与自由的相互转变。这个转变称为主转变或 α 转变。转变温度主要取决于高分子链的柔性。分子链越柔，则 T_g 越低。T_g 远高于室温的非晶态线形高聚物属热塑性塑料，T_g 远低于室温的非晶态线形高聚物属橡胶。对于分子质量高于临界分子质量（即分子间可以发生缠结的最低分子质量）的高聚物来说，T_g 与分子质量基本无关。对于分子质量低于临界分子质量的低分子质量聚合物来说，它们的 T_g 随分子质量的增大而提高。

在高聚物体系中，高分子之间的相互作用并不处处相同，且随分子的热运动瞬息万变。因此体系中的链段大小存在一个分布。小链段运动状态的转变发生在较低温，大链段运动状态的转变发生在较高温。因此对任何一种非晶态高聚物来说，其玻璃化转变发生在一个温度范围内。这个范围的宽窄，很大程度上取决于体系内链段长度分布的宽窄。链段长度分布越窄，则玻璃化转变区越窄，在该区

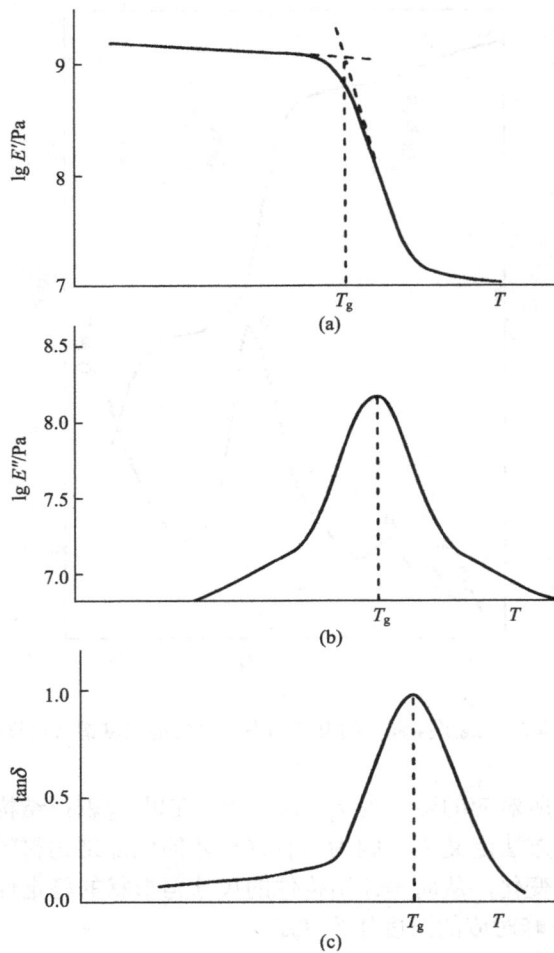

图 2-6　从动态力学性能温度谱上确定玻璃化转变温度的方法（过梅丽，2002）

域，贮存模量的变化十分陡峭，损耗模量或 tanδ 峰窄而高。反之，链段长度分布越宽，则玻璃化转变区越宽，在该区域，贮存模量的变化比较平缓，损耗模量或 tanδ 峰相对的宽而低。

　　在玻璃态，虽然链段运动被冻结，但是比链段小的运动单元仍可能做一定程度的运动，并在一定的温度范围内发生冻结与相对自由的相互转变，因此，在动态力学性能温度谱的低温部分，贮存模量与温度的关系曲线上可能出现数个小台阶，同时在损耗模量和 tanδ 与温度的关系曲线上，出现数个小峰（图 2-5），这些转变称为次级转变，从高温至低温，依次将它们标为 β、γ、δ 转变，对应的温度分别标为 T_β、T_γ、T_δ。至于每一重次级转变究竟对应于哪一重运动单元，则随高分子链的结构而变，需具体情况具体分析，尤其需有实验证明。

从已有的研究结果看，β 转变常与杂链高分子中包含杂原子部分的局部运动、较大的侧基的局部运动，以及主链或侧链上 3 个或 4 个以上亚甲基链的曲柄运动有关；γ 转变往往与那些与主链相连、体积较小的基团如 α-甲基的局部内旋转有关；δ 转变则与另一些侧基的局部扭振运动有关。

2）部分结晶高聚物——木材的纤维素

分子链结构规整因而有结晶能力的高分子，在条件合适时能结晶。但是，由于高分子链空间构型的复杂性，结晶一般不完善，因此结晶高聚物都是由晶相与非晶相构成的两相体系。一般而言，结晶度较低（<40%）时，晶相为分散相，非晶相为连续相；结晶度较高时，晶相为连续相，而非晶相为分散相。其中的非晶相，随温度的变化，会发生上述玻璃化转变和次级转变，虽然这些转变在一定程度上会受到晶相对它们的限制。其中的晶相，在温度达到熔点 T_m 时，将会熔化，即相变；在低温下也会发生与晶相有关的次级转变。对于由同一种高分子链构成部分结晶高聚物，非晶相的 T_g 必然低于晶相的 T_m，所以在升温过程中，将首先发生非晶相的玻璃化转变，然后发生熔化。

作为两相体系，部分结晶高聚物的贮存模量介于晶相贮存模量与非晶相贮存模量之间。由于晶相贮存模量高于非晶相贮存模量，因此部分结晶高聚物的结晶度越高，则贮存模量越高。对于各向同性部分结晶高聚物，可用下式估算贮存模量：

$$M'_{X_c} = \frac{M'_c M'_a}{M'_c X_c + M'_a (1 - X_c)} \tag{2-11}$$

式中，M_x' 是部分结晶高聚物在结晶度为 X_c 时的贮存模量；M_c' 和 M_a' 分别为其中晶相与非晶相的贮存模量。

在升温过程中，随非晶相与晶相的转变和（或）相变，部分结晶高聚物的典型动态力学性能温度谱如图 2-7 所示：① 当 $T<T_g$（当然 $<T_m$）时，非晶相处于玻璃态，晶相处于晶态，两相均为硬固体。由于非晶相的贮存模量与晶相的贮存模量差别不大，整个材料的贮存模量受结晶度的影响较小。② 当 $T_g<T<T_m$ 时，非晶相转变为高弹态。材料的贮存模量受结晶度的影响很大。结晶度越低，材料的贮存模量就越小。在 $T \approx T_g$ 时，材料的贮存模量发生明显跌落。结晶度越低，跌落幅度越大。贮存模量跌落的同时，也出现损耗模量和 $\tan\delta$ 峰。③ $T>T_m$ 时，晶相熔化，转变为非晶相。这样，整个材料就全部处于非晶态。

在部分结晶高聚物以玻璃态非晶相与晶相共存时，也存在局部分子运动相关的次级转变。非晶相的次级转变机制与前述非晶态线形高聚物中的相同；晶相的次级转变一般包括晶相中链段的局部振动、侧基和链端的运动等，情况更为复杂。

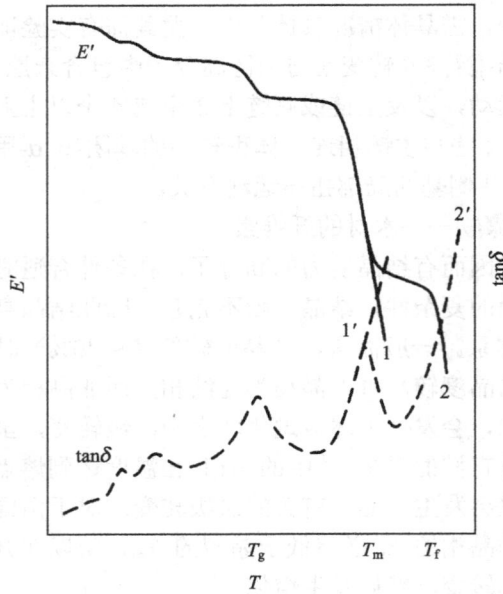

图 2-7　部分结晶高聚物的典型动态力学性能温度谱（过梅丽，2002）

3）非晶态交联高聚物——木材的木质素

交联高聚物是指分子链之间以化学键联结起来的高聚物。图 2-8 给出了一组

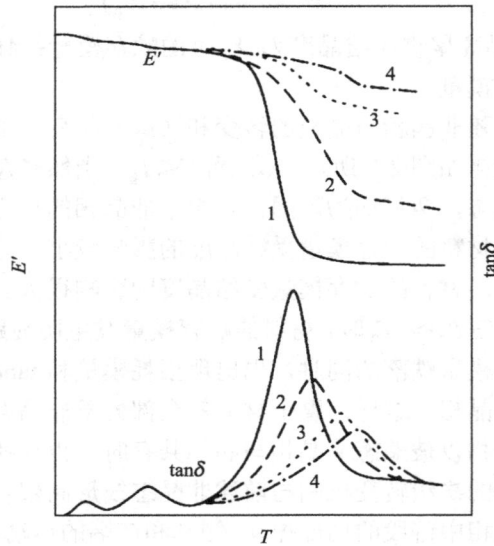

图 2-8　非晶态交联高聚物的典型动态力学性能温度谱（过梅丽，2002）

交联程度 1~4 逐渐提高

交联程度不同的非晶态交联高聚物的动态力学性能温度谱。从这组曲线中可以看到，随交联程度的增加，贮存模量增加，玻璃化转变温度提高，损耗峰降低。

　　交联高聚物的交联网络结构，有如图 2-9 所示的规则与不规则形式。其中，以不规则网络居多。特别是交联程度较高时，交联点间的链段（简称网链）长度更不均匀。网链越短，其运动受交联点的限制越严重，柔性越低，链构象统计意义上的链段就越长，反之亦然。因此交联网络越不均匀，链构象统计意义上的链段长度分布就越宽。所以，同一种高聚物，随交联程度的提高，其损耗峰在高度降低的同时也往往变宽。

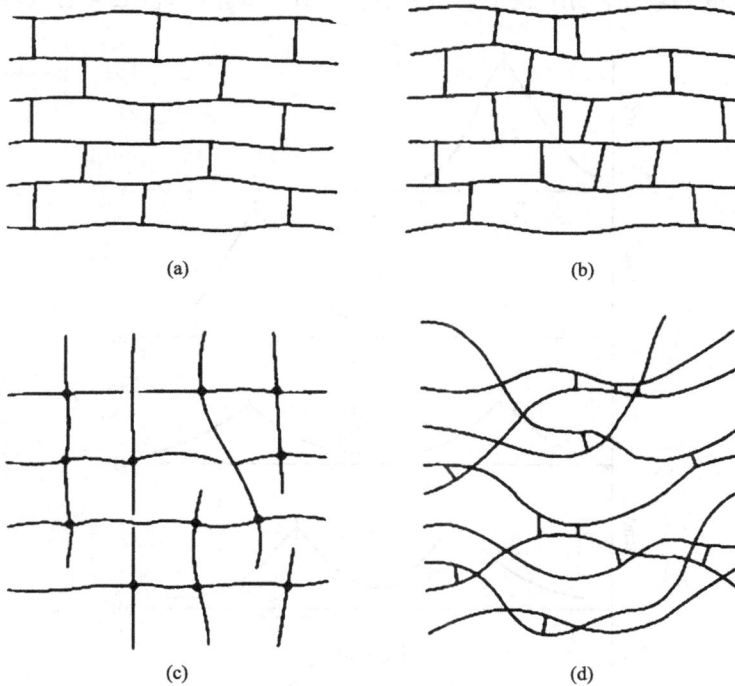

(a)　　　　　　　　　　　　　　　　　(b)

(c)　　　　　　　　　　　　　　　　　(d)

图 2-9　交联高聚物的网络结构示意图（过梅丽，2002）

（a）规则；（b）、（c）、（d）不规则

4）共混高聚物——木材

　　两种或两种以上的高聚物通过共混所形成的组合物称为共混高聚物。当共混的两种或多种高聚物不相混溶或部分混溶时，形成的共混高聚物是两相或多相体系。共混高聚物的相结构比较复杂，特别是当其中含有部分结晶高聚物时。在这里，以最简单的橡胶（非晶态）-塑料（非晶态）共混物为典型来说明它们动态力学性能温度谱的特点。

　　图 2-10 给出了橡胶-塑料共混物的动态力学性能温度谱随组元高聚物混溶性的变化。设橡胶和塑料两种组元高聚物的玻璃化转变温度分别为 T_{g1} 和 T_{g2}，分别见图 2-10（a）和（b）；当组元高聚物之间完全不混溶时，共混高聚物中两相的玻璃化转变温度分别为 T_{g1} 和 T_{g2}，见图 2-10（c）；当组元高聚物之间部分混溶，从而橡胶相中溶有一定量的塑料组分，塑料相中溶有一定量的橡胶组分时，共混高聚物中橡胶相的玻璃化转变温度将高于 T_{g1}，而塑料相的玻璃化转变温度将低于 T_{g2}，见图 2-10（d）；两相之间的混溶性越好，共混高聚物中两相玻璃化转变温度的差距越小，见图 2-10（e）。在极端的情况下，组元高聚物之间完全混溶，则共混体系就成为均相体系，整个体系只有一个介于 T_{g1} 和 T_{g2} 之间的玻璃化转变温

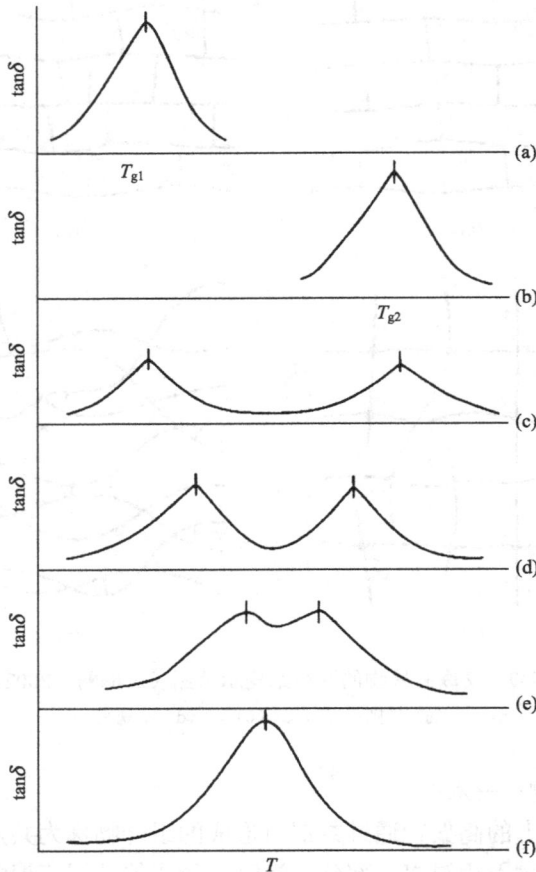

图 2-10　橡胶-塑料共混物的动态力学性能温度谱随组元高聚物混溶性的变化示意图
（过梅丽，2002）

度，见图 2-10（f）。正是基于这个原理，可以通过动态力学分析（dynamic mechanical analysis，DMA）技术鉴定高聚物-高聚物的混溶性。

　　高聚物-高聚物的混溶性也可以用差示扫描量热法（differential scanning calorimetry，DSC）或其他方法鉴定，但研究表明，对于非晶态-非晶态共混高聚物，用 DMA 技术判断的灵敏度比 DSC 技术高得多。因为在玻璃化转变区，贮存模量发生数量级的变化，且损耗模量与 tanδ 出现峰值，这些现象在动态力学性能温度谱上是不可能被忽略的；而在玻璃化转变前后，高聚物的比热容变化有限，特别是含量较低的组元高聚物，其玻璃化转变前后的比热容变化对 DSC 曲线基线移动的微小贡献有时容易被忽略。然而，对于组元高聚物中存在部分结晶高聚物的共混物，由于 DSC 在测定熔点方面的灵敏度高于 DMA，因此用 DSC 分析更有利。

2.4　黏弹性材料的动态力学性能频率谱

　　材料在恒定温度下的动态力学性能随测试频率的变化曲线称为动态力学性能频率谱。对于同一种高聚物，如果温度取线性坐标，而频率取对数坐标，则其动态力学性能温度谱或频率谱具有类似镜像对称的形式，如图 2-3 与图 2-4 所示。因此，在原则上，均相非晶态线形高聚物的动态力学性能频率谱应具有如图 2-11

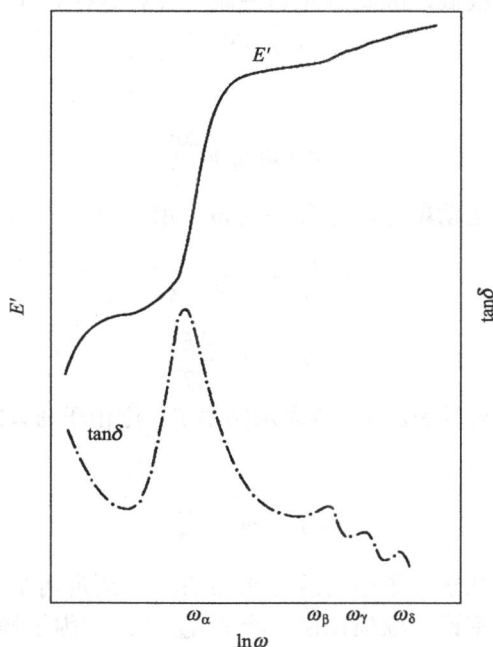

图 2-11　均相非晶态线形高聚物动态力学性能频率谱示意图（过梅丽，2002）

所示的形式。从该频率谱上各转变区可以得到主转变与次级转变的特征频率 ω_α、ω_β、ω_γ、ω_δ 等，分别对应于各重运动单元的本征频率，而各频率的倒数则是各重运动单元运动的松弛时间 τ_α、τ_β、τ_γ、τ_δ 等。同理，也可以根据其他各类材料的动态力学性能温度谱推测出相应动态力学性能频率谱的形式。

但是，要用一台实验仪器，以一次实验，测定频率范围跨越十几个数量级的动态力学性能频率谱几乎是不可能的，因为每一种动态力学测试技术都只适用于有限的频段。为了得到宽阔频率范围内的主曲线，一般可采取以下两种方法：① 采用不同的动态力学测试方法分别获得不同频段内的频率谱，然后将它们组合成宽阔频率范围内的主曲线；② 用同一种方法在相同的频段内测定不同恒温条件下的一组频率谱，然后利用时间-温度等效原理，通过水平位移和垂直位移把它们转换为宽阔频率范围内的主曲线。

鉴于在恒定频率下测定宽阔温度范围内的动态力学性能温度谱要容易实现得多，一般都更倾向于测定温度谱。但在有些情况下，如研究分子运动活化能或将材料作为减震隔声之类的阻尼材料应用时，材料的动态力学性能频率谱更重要。

2.4.1　分子运动活化能

在动态力学测试中，所选的应力振幅一般都在被测试材料的应力-应变曲线的起始线性段，即 σ 值很低，因此 $\gamma\sigma$ 项可忽略不计。这样式（2-10）简化为

$$\tau = \tau_0 e^{\Delta E/RT} \tag{2-12}$$

两边取对数，得到：

$$\ln \tau = \ln \tau_0 + \frac{\Delta E}{RT} \tag{2-13}$$

如前所述，对每一重运动单元，都有 $\tau = 1/\omega$ ，所以有

$$\ln\left(\frac{1}{\omega}\right) = \ln \tau_0 + \frac{\Delta E}{RT} \tag{2-14}$$

$$\ln \omega = A - \frac{\Delta E}{RT} \tag{2-15}$$

ω 的单位为弧度。如果以 Hz 为单位表示频率 f ，则由于 $\omega = 2\pi f$ ，式（2-15）可写成：

$$\ln f = A_1 - \frac{\Delta E}{RT} \tag{2-16}$$

可以通过以下两个方法求分子运动活化能 ΔE：① 测定两个不同温度（T_1、T_2）下的动态力学性能频率谱，取损耗模量峰 E''_{max} 或损耗因子峰 $\tan\delta_{max}$ 对应的频率为特征频率 $\omega_{max,1}$（或 $f_{max,1}$）和 $\omega_{max,2}$（$f_{max,2}$），代入式（2-16），解联立方程，

即可得到 ΔE；②在一系列不同温度下测定动态力学性能频率谱，可得到不同温度下的一组特征频率，然后将 $\ln\omega_{max}$ 或 $\ln f_{max}$ 对 $1/T$ 作图，从斜率-$\Delta E/R$ 即能得到 ΔE。

图 2-12 示意了一组不同温度下的动态力学性能频率谱。其中，低频段出现的转变是 α 主转变，高频段出现的转变对应于 β 次级转变。由于 α 转变的活化能较高，曲线随温度上升向高频方向移动得多；而 β 转变的活化能低，曲线随温度上升向高频方向的移动量较少。分别对 α 转变和 β 转变作 $\ln f_{max}$ -$1/T$ 曲线，将得到如图 2-13 中所示的两条直线，分别从两条直线的斜率就可求得 α 转变和 β 转变的分子运动活化能。

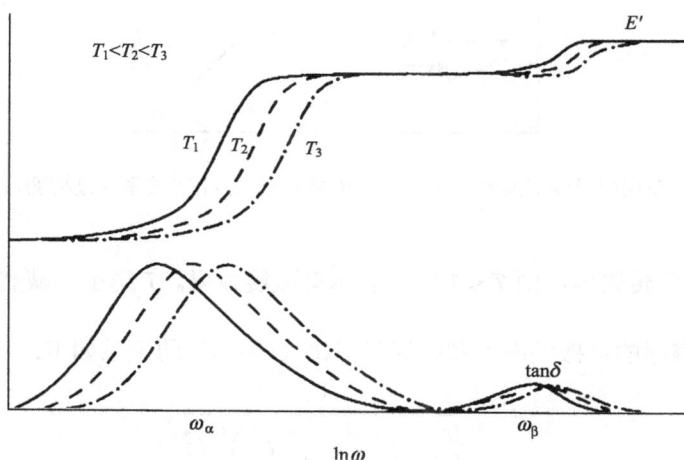

图 2-12　高聚物动态力学性能频率谱随温度的变化（过梅丽，2002）

2.4.2　减震阻尼

当将木材等高聚物材料用作减震阻尼材料时，其减震效果既与材料有关，也与减震器的结构有关。以如图 2-14 所示的体系为例，减震器把质量 m 与扰动源隔开。

假设扰动源在单一振动频率 f 下振动，其振幅(u_s)随时间的变化为

$$u_s = u_{s_0} \sin\omega t \qquad (2-17)$$

式中，u_{s_0} 为扰动源的振幅，ω 是角频率，t 是时间。若 $\omega = 2\pi f$，则质量 m 的振幅随时间的变化将为

$$u_m = u_{m_0} \sin(\omega t + \delta) \qquad (2-18)$$

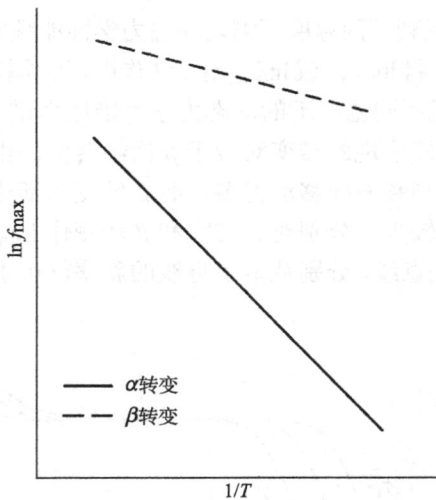

图 2-13　在相同温度范围内 α 转变与 β 转变的 $\ln f_{max}$ -$1/T$ 关系（过梅丽，2002）

定义 $T = \dfrac{u_{m_0}}{u_{s_0}}$ 为传输率，则 $T < 1$ 时，表示有减震效果。T 越小，减震效果越好。传输率与减震器的自振频率 f_n 和临界阻尼比（C/C_{cr}）的关系如下：

$$T = \frac{1}{\sqrt{\left(1 - \dfrac{f^2}{f_n^2}\right)^2 + 4\left(\dfrac{C}{C_{cr}}\right)^2 \dfrac{f^2}{f_n}}} \qquad (2\text{-}19)$$

减震器的自振频率 f_n 取决于减震器材料的贮存模量 E'、减震器的几何形状和质量 m，

$$f_n = \sqrt{\frac{AE'}{m}} \qquad (2\text{-}20)$$

式中，AE' 称为动刚度；A 是取决于减震器的几何尺寸的参数。临界阻尼比（C/C_{cr}）与减震材料力学损耗因子之间存在下述关系：

$$\frac{C}{C_{cr}} = \frac{\tan\delta}{\sqrt{4 + \tan^2\delta}} \qquad (2\text{-}21)$$

当 $\tan\delta < 1$ 时，

$$\frac{C}{C_{cr}} \approx \frac{1}{4}\tan\delta \qquad (2\text{-}22)$$

$$u_m = u_{m0}\sin(\omega t + \delta)$$

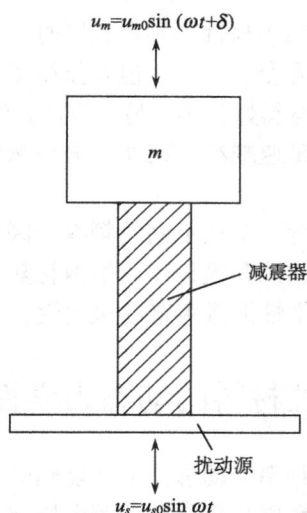

减震器

扰动源

$$u_s = u_{s0}\sin \omega t$$

图 2-14 减震体系作用示意图（过梅丽，2002）

图 2-15 示意了 2 种不同材料构成的减震器的传输率 T 与扰动频率 f 的关系。一方面，假设扰动频率 $f = 10\text{Hz}$，两种减震器材料在该频率下的贮存模量 E'相同，但其中一种为弹性材料，即 $\tan\delta = 0$，而另一种是黏弹性材料，$\tan\delta = 0.5$。由图

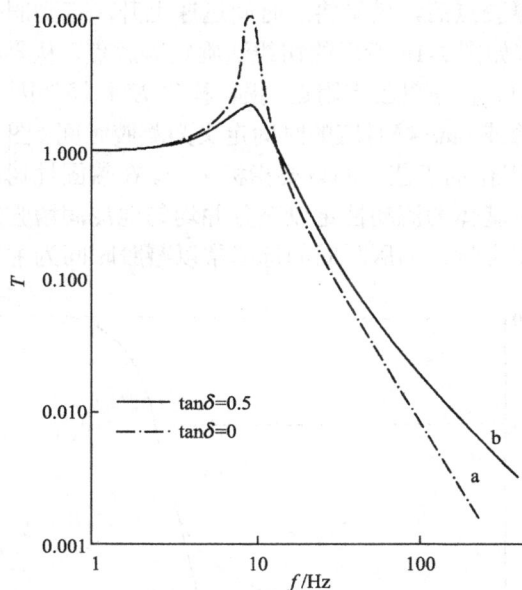

图 2-15 弹性材料（a）与黏弹性材料（b）的传输率 T 与扰动频率 f 的理论关系（过梅丽，2002）

2-15 可见，当减震器的自振频率与扰动频率相同时，即发生共振时，弹性材料的
$T \to \infty$；而黏弹性材料的 T 虽然大于 1，但要低得多。可见，黏弹性材料减震器
对抑制共振的效果要比弹性材料好得多。另一方面，当 $f > 10\text{Hz}$ 时，两种减震器
的传输率都随频率的增加而迅速减小。在非共振高频段，黏弹性材料的减震效果
不如弹性材料。

　　实际上，扰动源常常包含一系列不同的频率。因此在减震器设计中，除减震
器的几何形状外，减震材料的贮存模量和力学内耗随频率的变化是最重要的设计
依据。由此可以看出动态力学性能频率谱的重要性。

2.5　黏弹性材料的动态力学性能时间谱

　　材料在恒定温度与恒定频率下动态力学性能随时间的变化曲线称为动态力学
性能时间谱。下面以研究树脂-固化剂体系的等温固化动力学为例来说明动态力学
性能时间谱的意义（过梅丽，2002）。

　　特定树脂体系的固化动力学参数，是预测该体系在任一温度下的固化过程，
合理制定工艺条件的重要依据。图 2-16 示意了树脂-固化剂体系在一定频率下恒
温固化中典型的贮存模量时间谱。初始阶段，树脂-固化剂体系的相对分子质量低，
在固化温度下处于流动态，模量很低；随着固化过程的进行，体系模量逐渐升高，
特别是固化进行到凝胶点后，模量将随时间迅速上升，直到固化完成，模量趋于
平衡值。通常可采取如图 2-16 所示的切线法确定凝胶点，从零时刻到达凝胶点的
时间定义为凝胶时间 t_{gel}。在凝胶点附近，损耗模量 E'' 和损耗因子 $\tan\delta$ 出现峰值，
因此，也可以将 E'' 峰或 $\tan\delta$ 峰对应的时间定义为凝胶时间（图 2-16 中未示意）。
凝胶点是评价树脂-固化剂工艺性的重要指标之一。在热固性树脂复合材料成型工
艺中，为保证加压时基体的流动性足以充分并均匀地浸润增强纤维，又不致因流
动性过大而损失树脂含量，加压时间的选择常以凝胶时间为主要参考依据。

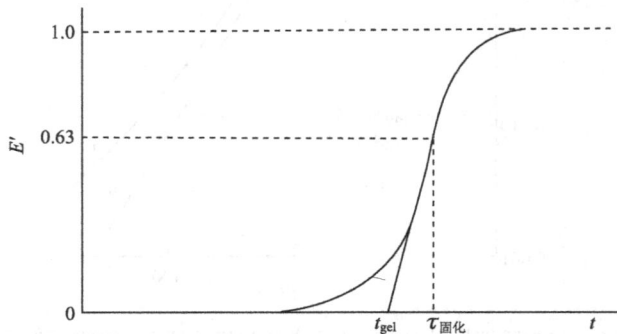

图 2-16　固定频率下树脂-固化剂体系在恒温固化中的贮存模量时间谱（过梅丽，2002）

2.6　黏弹性与时间、温度的关系——时温等效原理

一般来说，材料力学性能的多数实验都是基于其在短时间外力作用下的应变响应，如力学强度测定、蠕变测定、应力松弛测定和动态力学分析等。然而，在实际应用中，材料在长期外力作用下的力学响应更有意义，可以用来评价材料的耐久性和尺寸稳定性，而研究方法之一就是采用时温等效原理来评价静态/动态载荷的作用。

由分子运动的松弛性质可知，同一个力学松弛现象，既可在较高的温度下，在较短的时间内观察到，也可以在较低的温度下较长的时间内观察到。因此升高温度与延长观察时间对分子运动是等效的，对聚合物的黏弹行为也是等效的，这就是时温等效原理（time-tmperature superposition principle，TTSP）。换言之，所谓时温等效原理是指高聚物在较高温度、较短时间内的力学性质和力学行为与其在较低温度、较长时间内的力学性质和力学行为是等效的，即通过对高聚物的时间尺度与温度尺度的相关变化，达到其力学性质和力学行为的等效性，进而可以方便地在短时间内通过高温实验和理论分析科学地预测高聚物在长时间内的力学响应。对于在交变应力/应变场下的动态实验，类似地，降低频率和延长观察时间是等效的，增加频率与缩短观察时间也是等效的。这个等效性可以借助一个转换因子 a_T 来实现，即借助于转换因子可以将在某一温度下测定的力学数据转换成另一温度下的力学数据。

同一高聚物的各力学状态可以在恒定频率下不同温度范围内表现出来（如动态力学性能温度谱所示），也可以在恒定温度下不同频率范围内表现出来（如动态力学性能频率谱所示）。这种温度与频率的等效关系也可以从不同频率下测得的动态力学性能温度谱和不同温度下测得的动态力学性能频率谱中体现出来。

图 2-17 表示同一种非晶态交联高聚物在 3 个不同频率下测得的一组贮存模量温度谱，其中 $f_3 > f_2 > f_1$。由图 2-17 可见，当频率增加时，曲线向高温方向移动。一方面，如果在任一温度下作一条平行于纵坐标的直线，则该直线将与 3 条贮存模量温度谱分别相交于 A、B 和 C 点。A 点处于频率为 f_3 的温度谱上的玻璃态，B 点处于频率为 f_2 的温度谱上的玻璃化转变区，C 点处于频率为 f_1 的温度谱上的高弹态。说明在同一温度下，非晶态交联高聚物在高频下处于玻璃态，中频下处于玻璃化转变区，低频下处于高弹态。另一方面，如果从任一贮存模量值作一条平行于横坐标的直线，则该直线将与 3 条温度谱分别交于 D、E 和 F 点，它们所对应的温度分别为 T_1、T_2 和 T_3。这说明，高聚物的同一性能既可以在低频低温（f_1，T_1）下实现，也可以在中频中温（f_2，T_2）或高频高温（f_3，T_3）下实现。

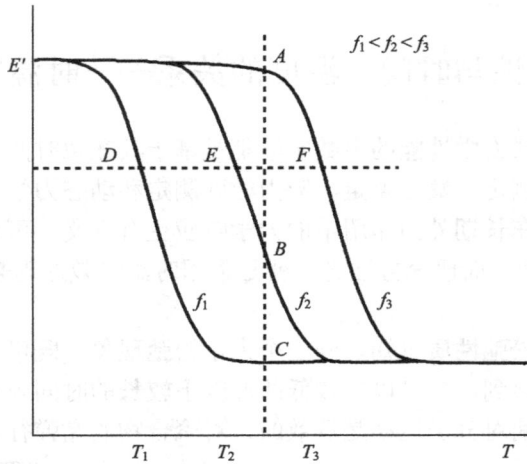

图 2-17　频率对贮存模量温度谱的影响示意图（过梅丽，2002）

　　图 2-18 表示同一种非晶态交联高聚物在 3 个不同温度下测得的一组贮存模量频率谱，其中，$T_3 > T_2 > T_1$。说明，当温度增加时，曲线向高频方向移动。一方面，如果从任一频率下作一条平行于纵坐标的直线，则该直线将与 3 条动态力学性能频率谱分别相交于 A'、B' 和 C' 点。A' 点处于温度为 T_1 的频率谱上的玻璃态，B' 点处于温度为 T_2 的频率谱上的玻璃化转变区，C' 点处于温度为 T_3 的频率谱上的高弹态。说明在同一频率下，该非晶态高聚物在低温段处于玻璃态，中温段处于玻璃化转变区，高温段处于高弹态。另一方面，如果从任一贮存模量作一条平行于横坐标的直线，则它将与 3 条频率谱分别相交于 D'、E' 和 F' 点。它们所对应的

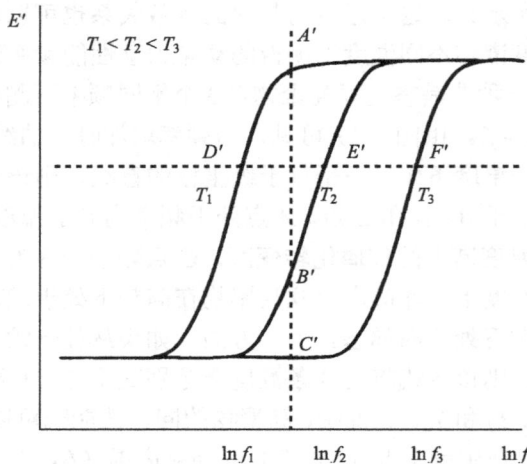

图 2-18　温度对贮存模量频率谱的影响示意图（过梅丽，2002）

频率分别为 f_1、f_2 和 f_3。这说明，高聚物的同一性能既可以在低频低温（f_1，T_1）下实现，也可以在中频中温（f_2，T_2）或高频高温（f_3，T_3）下实现。

上述讨论对损耗模量 E'' 和损耗因子 $\tan\delta$ 与频率和温度的关系同样适用。

可见，如果已知一种高聚物在较低频和较低温下的性能或性能谱，就可以通过平移将高聚物的这一性能或性能谱叠加到较高频和较高温下，反之亦然。这就是时（间）（频率的倒数）温（度）等效原理在动态力学性能中的定性表达。用数学方程式表达时，有

$$E'(T,\omega) = E'(T_r, a_T\omega_r) \tag{2-23}$$

$$E''(T,\omega) = E''(T_r, a_T\omega_r) \tag{2-24}$$

$$\tan\delta(T,\omega) = \tan\delta(T_r, a_T\omega_r) \tag{2-25}$$

式中，T_r 和 ω_r（$=2\pi f_r$）是参考温度与参考频率；T 和 ω（$=2\pi f_r$）为实验温度和实验频率；a_T 为水平位移因子。当 $T_r > T$ 时，$a_T > 1$，表示要将在较低温度下测定的动态力学性能频率谱叠加到较高的参考温度上去时，曲线应向右侧（高频方向）平移；相反，当 $T_r < T$ 时，$a_T < 1$，表示要将在较高温度下测定的动态力学性能频率谱叠加到较低的参考温度上去时，曲线应向左侧（低频方向）平移。

上述数学表达中忽略了温度变化对不随时间变化的高弹平衡模量的影响。高弹平衡模量 E 与温度的关系为

$$E \propto \frac{\rho RT}{\bar{E}_c} \tag{2-26}$$

式中，ρ 是高聚物在温度 T 的密度；$\bar{E}_c$ 为相邻交联点间的平均分子质量。对于线形高聚物，$\bar{E}_c$ 可以看作是分子链间相邻物理缠结点之间的平均分子质量。对于平衡高弹态，有 $E' = E$。考虑到温度对高弹平衡模量的影响，式（2-26）更精确的形式应为

$$E'(T,\omega) = \frac{\rho T}{\rho_r T_r} E'(T_r, a_T\omega_r) \tag{2-27}$$

式中，ρ_r 是高聚物在参考温度 T_r 时的密度。式（2-24）和式（2-25）也要做相应的变化。这些公式表示，当把实验温度下所测的动态力学性能频率谱叠加到参考温度的曲线上去时，除了要水平位移一个因子 a_T 以外，还需要垂直位移一个因子 $b_T = \dfrac{\rho T}{\rho_r T_r}$。

时温等效原理大大简化了材料黏弹性的测试。要全面表征高聚物的动态黏弹性，必须解决贮存模量/损耗模量/损耗因子-频率-温度之间的关系。这是具有 2 个独立变量（频率、温度）的三维空间问题。而有了时温等效原理联系 2 个变量之间的关系，就把空间问题简化为平面问题。另外，从实验的角度考虑，为了得

到一种高聚物包括其所有力学状态与松弛转变在内的动态力学性能频率谱，通常要求测试的频率跨越十几个数量级。这是迄今任何一种仪器设备都做不到的。虽说可以利用适合于不同频段的动态力学分析仪，分别测定不同频段内的动态力学性能频率谱，然后将它们连贯起来，但由于不同测试方法的系统误差不同，实践上仍有相当难度。而利用时温等效原理，就可以用同一台实验仪器，在不同温度下和一定频率范围内得到一组动态力学性能频率谱，通过水平位移和垂直位移，叠加成特定参考温度下宽阔频率范围内的动态力学性能频率谱——主曲线。

对高聚物的时温等效原理开展研究最早可以追溯到 20 世纪 40 年代（Leaderman, 1943）。Williams、Landel 和 Ferry 共同研究，发现了高聚物材料蠕变柔量和松弛模量曲线在玻璃化转变温度附近的移动因子方程式，即 WLF 方程（Williams et al., 1955），大大推进了这一研究领域的发展。如果已知高聚物的密度随温度的变化，则垂直位移因子 b_T 是容易得到的。通常有 2 个数学模型可以用来表征水平位移因子 a_T 与温度的关系，即 WLF 方程和 Arrhenius 方程。

（1）WLF 方程的表达式为

$$\lg a_T = -\frac{C_1(T - T_r)}{C_2 + (T - T_r)} \tag{2-28}$$

式中，T_r 是参考温度；T 是测定温度；C_1 和 C_2 是经验常数。WLF 方程表明水平位移因子 a_T 与温度和参考温度有关。选择不同的温度作为参考温度，式（2-28）的形式不变，只是参数 C_1、C_2 不同。若取高聚物的玻璃化转变温度 T_g 为参考温度，则 $\lg a_T$ 与（$T - T_g$）间的关系满足如下方程：

$$\lg a_T = -\frac{17.44(T - T_g)}{51.6 + (T - T_g)} \tag{2-29}$$

WLF 方程以玻璃化转变温度（T_g）以上的自由体积理论为基础，一般其适用的温度范围为 $T_g \sim (T_g + 100)℃$。温度低于 T_g 时，高聚物中的自由体积基本不变，WLF 方程不再适用。

（2）Arrhenius 方程的表达式为

$$\lg a_T = \frac{\Delta E}{2.303R}\left(\frac{1}{T} - \frac{1}{T_r}\right) \tag{2-30}$$

式中，ΔE 是分子运动活化能，R 是气体常数。

Arrhenius 方程主要用于描述高聚物的次级松弛过程，也常常用来计算高聚物松弛转变过程的表观活化能。

在动态黏弹性分析中，时温等效的另一个表现形式是动态力学性能温度谱随升温/降温速率的变化而变化。当升温速率提高时，所测得的动态力学性能温度谱向高温移动。因为升温速率的提高相当于观察时间的缩短或频率的提高。

第3章 木材动态黏弹性的实验原理与方法

3.1 引　言

木材动态黏弹性实验的方法很多，按照振动模式，可分成四大类。

（1）自由衰减振动法

自由衰减振动法是将初始力作用于体系，随即除去外力使该体系自由地发生形变或形变速率随时间逐渐衰减的振动，并根据振动频率与振幅衰减速率计算体系的刚度与阻尼。

（2）强迫共振法

强迫共振法是指强迫试样在一定频率范围内的恒幅力作用下发生振动，测定共振曲线，从共振曲线上的共振频率和共振峰宽度得到贮存模量与损耗因子的方法。

（3）强迫非共振法

强迫非共振法是指强迫试样以设定频率振动，测定试样在振动中的应力与应变幅值及应力与应变之间的相位差，得到贮存模量、损耗模量和损耗角正切等性能参数。

（4）声波传播法

用声波传播法测定材料动态黏弹性能的基本原理是：声波在材料中的传播速度取决于材料刚度，声波振幅的衰减取决于材料阻尼。

在本章中，主要介绍采用强迫非共振法测量动态黏弹性的原理与方法（过梅丽，2002）。

强迫非共振仪的商品型号很多，可分为两大类：一类主要适合于测试固体材料，称为动态力学分析仪（dynamic mechanical analysis，DMA）；另一类适合于测试流体物质，称为动态流变仪（rheometer）。适合于固体测试的强迫非共振仪，目前主要有 TA 公司的 DMA Q800、Perkin Elmer 公司的 DMA 8000、Mettler 公司的 DMA SDTA861e 等。动态力学分析仪中包含有多种形变模式，如拉伸、压缩、剪切、弯曲（包括三点弯曲、单悬臂梁与双悬臂梁弯曲）等。试样置于温度（湿度）控制室内。在每一种形变模式下，不仅可以在固定频率下测定宽阔温度范围内的动态力学性能温度谱或在固定温度下测定宽阔频率范围内的动态力学性能频率谱，而且还允许多种变量组合在一起的复杂实验模式。不同形变模式与不同实验模式的种种组合，大大拓展了动态力学测试技术在材料科学与工程研究中的应用价值。

　　本章以 TA 公司的 DMA Q800 动态力学分析仪为例（TA Instruments，2010），介绍强迫非共振法测试技术中所涉及的各种形变模式及相关计算、形变模式与实验模式的选择原则及影响测试结果的一些因素。

3.2　动态力学分析仪的基本结构与性能

　　图 3-1 是美国 TA 公司 DMA Q800 型动态力学分析仪的实物图片，包括主机、计算机、湿度附件、高纯氮气罐及液氮罐等。

图 3-1　DMA Q800 型动态力学分析仪

　　图 3-2 是 DMA Q800 主机结构示意图。其工作原理为：一根驱动轴的上端与一个 T 形件连接，暴露在温湿度控制炉中，T 形件是驱动轴与各种夹具的连接件，由钛合金或不锈钢制成；驱动轴的下端与空气轴承连接，驱动轴被空气轴承托起形成"无摩擦"支撑的悬浮式驱动系。由于轴承上的摩擦力很小，驱动系统在整个操作范围内都能做线性响应，噪声低、灵敏度高，非常低的应力能够作用于被测样品上，载荷达 0.0001～18N。空气轴承轴下方是驱动马达，驱动轴的运动通过光学编码器检测，能保证在整个行程（25mm）范围内位移的测量精度高达 1nm，能测出高刚度材料的微小应变。

　　为了实现多种形变模式，设计有多种试样夹具。夹具分为可动件与固定件两部分，固定件安装在 4 根金属柱子上。可动件安装在 T 形件上。利用各种夹具，试样可实现的形变模式包括拉伸、压缩、三点弯曲、单/双悬臂梁弯曲和剪切三明治。各种形变模式中，夹具、试样和驱动轴间的相互关系如图 3-3 所示。在任何一种形变模式的动态黏弹性实验中，驱动轴都做上下振动，仅因试样布置或夹持方式不同而使试样以不同的模式形变。

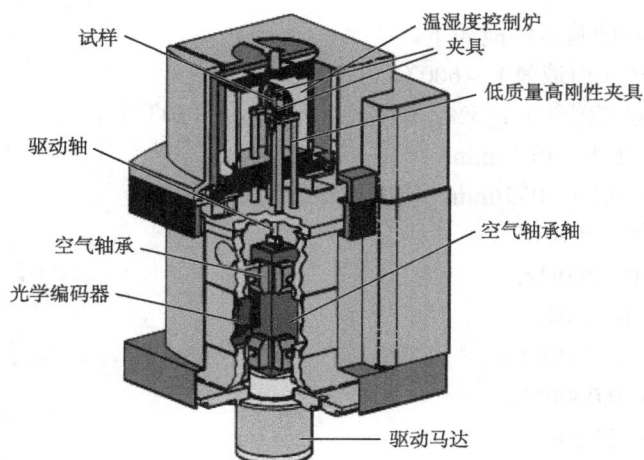

图 3-2　DMA Q800 主机结构示意图

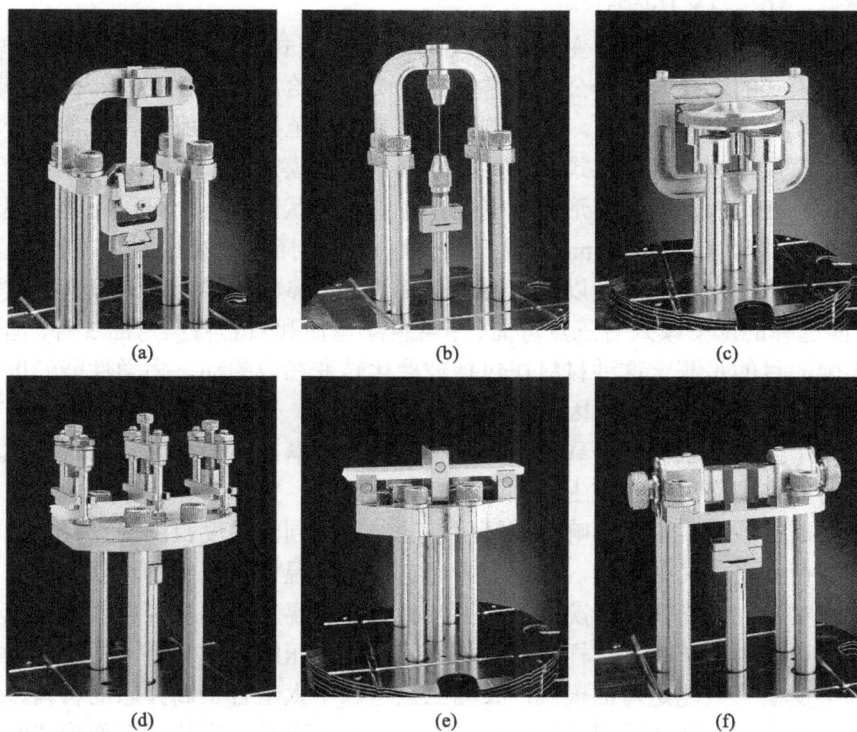

图 3-3　DMA Q800 各形变模式中试样、夹具与驱动轴的相互关系

（a）薄片拉伸；（b）纤维拉伸；（c）压缩；（d）单/双悬臂梁弯曲；（e）三点弯曲；（f）剪切三明治

DMA Q800 的基本性能如下。

温度：-150（用液氮）~ 600℃。

湿度（用湿度附件）：5% ~ 95% （温度为 5~120℃）。

升温速率：0.1 ~ 40℃/min。

降温速率：0.1 ~ 20℃/min（快速冷却需使用液氮）。

恒温稳定性：±0.1℃。

频率：0.01 ~ 200Hz。

最大动态力：18N。

最小动态力：0.0001N。

力解析度：0.00001N。

最大位移：25mm。

位移振幅：±(0.5 ~ 10000μm)。

位移分辨率：1nm。

模量：$10^3 ~ 3×10^{12}$Pa。

尽管仪器设计了多种形变模式,但并非每一种模式都可用来测定所有的材料。关于形变模式的选择, 仪器公司通常会在说明书中给出指南性意见。在选择形变模式时, 需要考虑以下几点。①被测试材料的模量范围。一般而言, 各形变模式有适用的模量范围, 弯曲模式：$10^4 ~ 10^{12}$Pa。剪切模式：$10^3 ~ 10^7$Pa。拉伸/压缩模式：$10^6 ~ 10^{11}$Pa。②试样形状。例如, 片状或棒状的材料, 可以用弯曲模式实验, 如果是薄片（厚度＜1mm）或纤维, 则只能选择拉伸模式。③ 测试温度范围内材料模量的变化范围。以热塑性木塑复合材料棒状试样为例, 根据其室温模量, 可能选择的形变模式有三点弯曲、单悬臂梁弯曲和双悬臂梁弯曲 3 种。但是, 如果实验的目的是测定这种材料在包括玻璃化转变在内的动态力学性能温度谱, 则三点弯曲并非最佳选择。因为在这种形变模式中, 试样除了受动载荷作用外还需叠加一个大于动载荷的静载荷。当这种材料从玻璃态转变为高弹态时, 试样在静动载荷的共同作用下会产生过大的形变（挠度）。如果要保证形变量合适, 则又会因所需的载荷太小而影响测试精度, 除非在不同的温度范围内设置不同的应变和静载荷水平。又如橡胶, 如果仅考虑它们的室温模量, 似乎可以用所有的形变模式来实验, 然而实际情况是：如果实验中需将温度降到橡胶材料的玻璃化转变温度以下, 则除非薄膜试样, 否则拉伸、剪切和压缩模式都将不适用, 所以可选择的形变模式只能是弯曲模式；又因三点弯曲不太适合于高弹态的材料, 因此最好选择单悬臂梁弯曲或双悬臂梁弯曲模式。综上可见, 在选择形变模式时, 须根据试样材料的特性、试样的形式（如薄膜、片材、棒材等）、夹持形式、涉及的温度与频率范围等综合考虑。

一般，单/双悬臂梁模式适用的材料范围最广。因此，在选择形变模式发生困难时，可首选这一模式进行实验（不包括薄膜和纤维状材料）。

3.3　形变模式的理论计算

3.3.1　拉伸模式

拉伸模式中，试样与夹具的基本布置如图 3-4 所示。国际标准推荐拉伸试样的长度应大于宽度的 6 倍，这样可忽略夹头对试样自由横向收缩的限制。为避免试样在振动中屈曲，在试样上除了施加动态交变载荷外，还必须施加静载荷（也称作预应力），且静载荷应大于动态交变载荷，如超过 10% ~ 20%。这样试样在实验中就以拉-拉形式发生振动。对于施加在试样上的动态应力或动态应变的选择，最好是根据试样的应力-应变曲线来确定，选择的原则是：①落在应力-应变曲线上初始线性范围内，因为计算的理论基础是线性黏弹性；②落在 DMA 允许的应力与应变范围内，这一原则对其他形变模式也同样适用。

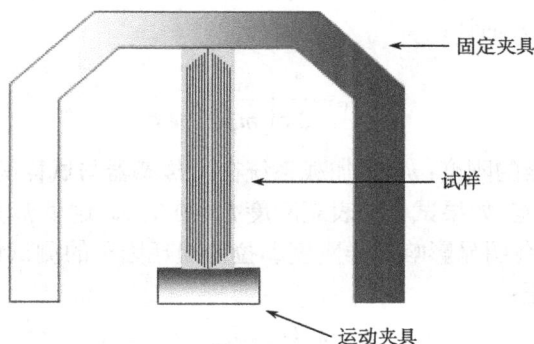

固定夹具

试样

运动夹具

图 3-4　拉伸模式中试样与夹具布置示意图

根据实验中采集到的试样交变载荷幅值 ΔF_A、位移幅值 S_A 及载荷与位移两者之间的相位差 δ_{Ea}，可由式（3-1）算出试样的表观杨氏贮存模量 E_a'：

$$E_a' = \frac{\Delta F_A}{S_A} \times \frac{L_a}{bd} \cos \delta_{Ea} = \frac{k_a L_a}{bd} \cos \delta_{Ea} \qquad (3-1)$$

式中，　足标 E 代表杨氏模量测试中的参数；a 表示是表观值；L_a、b 和 d 分别是试样的表观长度（试样在上、下夹头之间的距离）、宽度与厚度；k_a 是试样的表观刚度。表观力学损耗因子直接取 δ_{Ea} 的正切，表观损耗模量 E_a'' 为

$$E_a'' = E_a' \tan \delta_{Ea} \qquad (3-2)$$

　　在这里，之所以强调所测性能是表观值，是因为尚未考虑实验中可能引入的误差。在拉伸模式中，误差主要来源于以下 4 个方面：① 激振频率离试样自振频率太近；② 测试频率较高时，可能引起力传感器发生共振；③ 试样刚度足够高时，实验系统本身的柔度会使位移测定值大于试样的实际位移；④ 拉伸模式中，由于试样两端均被夹持，因此存在夹持引起的误差。

　　为消除第一项误差来源，所选的激振频率 f 应远离试样的固有频率 f_s，

$$f < 0.04 f_s \tag{3-3}$$

　　试样的固有频率可以根据式（3-4）估算：

$$f_s = \frac{1}{2L_a}\left(\frac{E_a'}{\rho}\right)^{1/2} \tag{3-4}$$

式中，ρ 是试样密度。

　　为了消除第二项误差来源，要求试样的激振频率 f 小于引起力传感器共振的频率 f_F，

$$f < 0.1 f_F \tag{3-5}$$

　　f_F 可由式（3-6）估计：

$$f_F = \frac{1}{2\pi}\left(\frac{k_F}{m_F}\right)^{1/2} \tag{3-6}$$

式中，k_F 是力传感器的刚度；m_F 是加载系统在力传感器与试样间那一部分的质量。

　　关于第三项误差，如果试样的表观刚度 $k_a > 0.02 k_\infty$，这里 k_∞ 是钢试样的刚度，则系统本身的柔度会明显影响试样刚度和拉伸损耗因子的测试精度。为此，需对 $k_\infty \cos\delta_{Ea}$ 作如下校正：

$$k\cos\delta_E = \frac{k_a\left(\cos\delta_{Ea} - k_a/k_\infty\right)}{1 - 2\left(k_a/k_\infty\right)\cos\delta_{Ea}} \tag{3-7}$$

用 $k\cos\delta_E$ 代替式（3-7）中的 $k_a\cos\delta_{Ea}$，就可得到较为精确的 E_a'，用下面的方程可得到较为精确的拉伸损耗因子：

$$\tan\delta_E = \frac{\tan\delta_{Ea}}{1 - \left(\dfrac{k_a}{k_\infty\cos\delta_{Ea}}\right)} \tag{3-8}$$

　　夹持引起的误差主要影响贮存模量值。消除这一误差的方法是进行长度校正。经长度校正后的贮存模量 E' 用式（3-9）计算：

$$E' = \frac{k(L_a + l)}{bd}\cos\delta_{Ea} \tag{3-9}$$

式中，k 是试样的校正刚度；l 为长度校正值。长度校正的具体做法是，测定试样在一系列不同 L_a 时的刚度 k，作 $1/(k\cos\delta_{Ea})$-L_a 曲线，将曲线外推到 $1/(k\cos\delta_{Ea})$ = 0，从截距得到长度校正项 l，从斜率（$l/E'bd$）可算出 E'。

试样的损耗模量为

$$E'' = E' \tan\delta_E \tag{3-10}$$

上述误差来源的分析及减小或消除误差的措施，在其他模式中也适用。特别是关于第二、三项误差，各模式中估算方法基本相同。关于第一与第四项误差，鉴于不同模式中试样的固有频率和被夹持的方式不同，以下讨论中将给出各模式中试样固有频率的估算公式及长度校正的方法（如果试样被夹持）。

3.3.2　压缩模式

压缩模式中，试样与夹具的基本布置如图 3-5 所示。压缩模式与拉伸模式十分相似，仅有的差别是：① 所施加载荷的方向相反；② 圆柱状和立方体试样置于两平行圆板之间。由于试样截面一般较大，受仪器允许最大载荷的限制，压缩模式主要用来实验软材料，如橡胶、泡沫塑料等。实验中也需要在动态压缩应力上叠加一个静态压缩应力，且静态压缩应力应大于动态压缩应力，以保证实验中试样以压-压形式进行振动。

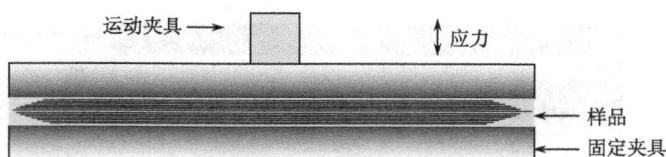

图 3-5　压缩模式中试样与夹具的布置示意图

压缩贮存模量的计算，对于截面半径为 r、高度为 L_a 的圆柱状试样，有

$$E'_a = \frac{\Delta F_A}{S_A} \times \frac{L_a}{\pi r^2} \cos\delta_E \tag{3-11}$$

对于截面积为 $b \times d$、高度为 L_a 的长方体试样，有

$$E'_a = \frac{\Delta F_A}{S_A} \times \frac{L_a}{bd} \cos\delta_E \tag{3-12}$$

由于压缩试样不受夹持，因此不存在夹持误差；如果试样是软材料，则相对于振动系统其他部分的刚度很小，前节所讨论的因系统柔度所引起的误差可忽略不计。但需要指出的是，由于软材料在压缩大变形中的应力-应变关系往往是非线性的，因此测试结果受应变幅值的影响很大。一般地说，应变幅值越大，测得的

模量越高（试样被压实）。另外，如果试样与两平行圆板接触的两个面平行度不理想，则会因试样与圆板的非全面接触带来误差，其结果为：应变越大，测得的模量可能越低。所以，如果容纳试样的平行圆板没有自动调节到与试样表面贴合的功能，则所测压缩贮存模量的重现性往往不够理想。

3.3.3　弯曲模式

弯曲模式可包括两种形式：单/双悬臂梁弯曲［图 3-6（a）］和三点弯曲［图 3-6（b）］。三点弯曲模式适用于测试刚性材料；悬臂梁模式适用范围极宽，适用于除薄膜、纤维外的所有高分子材料。

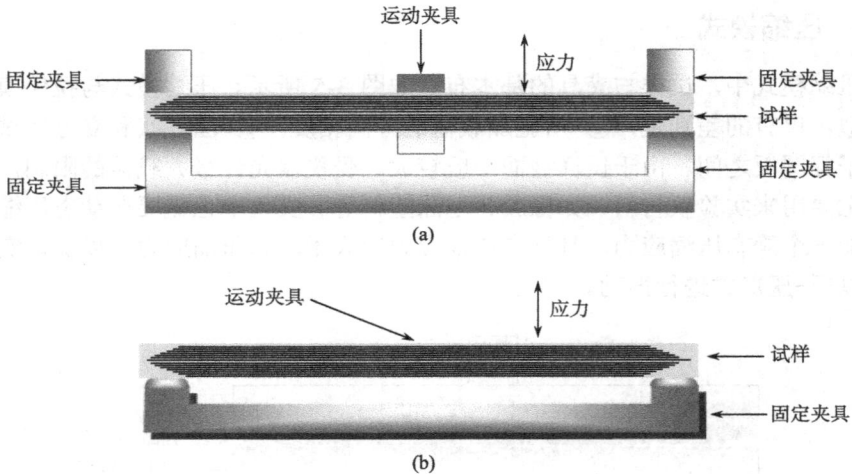

图 3-6　弯曲模式中试样与夹具的布置示意图
（a）悬臂梁弯曲；（b）三点弯曲

试样形状可以是矩形截面片状或圆柱状，优先选择片状试样。对于各向同性材料，① 为尽可能减小弯曲形变中剪切分量的影响，国际标准推荐试样的跨/厚值（L_a/d）如下：用悬臂梁模式时，$L_a/d > 16$，其中，L_a 为试样在中心夹头与端夹头之间的自由长度，d 为试样厚度；用三点弯曲模式时，$L_a/d > 8$，其中，L_a 为试样在中心加载点与每一端支点间的距离。② 为了尽量减小因夹头或中心加载点附近对试样横向变形的限制所引起的误差，推荐试样的跨/宽值（L_a/b）如下：用悬臂梁模式时，$L_a/b > 6$；用三点弯曲模式时，$L_a/b > 3$。③ 对于高模量（≥50GPa）材料，应该用长而薄的试样，以保证挠度能精确测量；对于低模量（<100MPa）材料，应该用短而厚的试样，以保证作用力的测量值有足够的精度。

采用悬臂梁模式时，不必叠加静载荷。但在采用三点弯曲模式时，实验中需在动载荷上叠加静载荷，且静载荷必须大于动载荷。

试样的表观杨氏贮存模量 E_a' ，对于悬臂梁模式，有

$$E_a' = \frac{\Delta F_A}{S_A} \times \frac{L_a^3}{2bd^3} \times \left[1 + \frac{d^2}{L_a^2} \times \frac{E'}{G'}\right] \cos\delta_{Ea} = k_a \times \frac{L_a^3}{bd^3} \times \left[1 + \frac{d^2}{L_a^2} \times \frac{E'}{G'}\right] \cos\delta_{Ea}$$

（3-13）

式中， k_a 为试样的表观刚度。

对于三点弯曲模式，有

$$E_a' = \frac{\Delta F_A}{S_A} \times \frac{2L_a^3}{bd^3} \times \left[1 + \frac{d^2}{4L_a^2} \times \frac{E'}{G'}\right] \cos\delta_{Ea} = k_a \times \frac{2L_a^3}{bd^3} \times \left[1 + \frac{d^2}{4L_a^2} \times \frac{E'}{G'}\right] \cos\delta_{Ea}$$

（3-14）

在式（3-13）和式（3-14）中，括号内的第二项是剪切校正项。对于各向同性玻璃态高聚物或半结晶高聚物，E'/G' 约为 2.7；对于橡胶，E'/G' 约为 3.0。但是，对各向异性材料来说，E'/G' 可能是一个很大的数值。通过选择试样跨厚比（L_a/d）来保证剪切校正项<0.1。

在弯曲模式中，要求试样的激振频率 f 与试样固有频率 f_s 间的关系满足式（3-15）：

$$f \leqslant 0.08 f_s$$ （3-15）

试样的固有频率，对于悬臂梁模式，可由式(3-16)估算：

$$f_s = 1.03 \times \frac{d}{L_a^2} \times \left(\frac{E_a'}{\rho}\right)^{1/2}$$ （3-16）

对于三点弯曲，可由式（3-17）估算：

$$f_s = 0.71 \times \frac{d}{L_a^2} \times \left(\frac{E_a'}{\rho}\right)^{1/2}$$ （3-17）

对于悬臂梁模式，为消除试样夹持引起的误差，应作长度校正。经长度校正后的贮存模量 E' 为

$$E' = \frac{k(L_a + l)^3}{2bd^3} \times \left[1 + \frac{d^2}{L_a^2} \times \frac{E'}{G'}\right] \cos\delta_{Ea} = E_a' \times \frac{(L_a + l)^3}{L_a^3}$$ （3-18）

测定不同 L_a 值下的 E_a'，作 $L_a/E_a'^{1/3}$-L_a 曲线，外推到 $L_a/E_a'^{1/3}=0$，从截距得到长度校正项 l，从斜率得到 E'。

与拉伸模式相同，弯曲模式中，损耗因子 $\tan\delta_E$ 和损耗模量 E'' 分别由式（3-8）和式（3-10）计算。

3.3.4　剪切三明治模式

　　在剪切三明治模式中，试样与夹具的基本布置如图 3-7 所示。剪切试样由两个相同的试样组成，分别夹持在固定夹具与运动夹具之间，激振力施加在运动夹具上，使之振动，从而带动两侧试样做剪切振动。

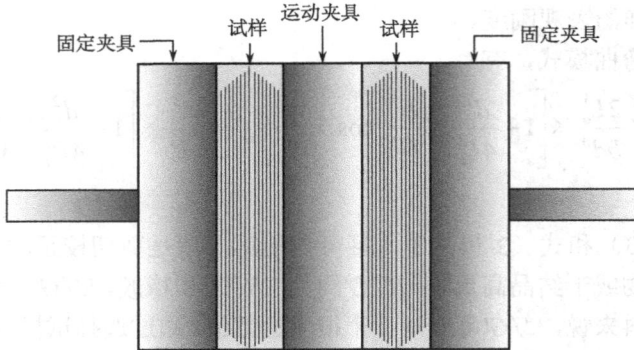

图 3-7　剪切三明治模式中试样与夹具的布置示意图

　　剪切模式适合于实验较软的材料（剪切模量为 0.1～50MPa）。试样的形状可以是圆片或矩形片。优先选择面积与刚性块接近的矩形片。为避免试样在剪切形变中出现因弯曲而引入的误差，国际标准推荐每个试样在加载方向上的尺寸 h 应超过厚度 L 的 4 倍。

　　从传感器测得的载荷幅值 ΔF_A、位移幅值 S_A 及载荷与位移两者之间的相位差 δ_{Ea}，可由式（3-19）计算出试样的表观剪切贮存模量 $G_a{}'$：

$$G_a' = \frac{\Delta F_A}{S_A} \times \frac{L}{A} \times \left[1 + \frac{L^2}{h^2} \times \frac{G'}{E'}\right]\cos\delta_{Ga} = \frac{k_a L}{A}\left[1 + \frac{L^2}{h^2} \times \frac{G'}{E'}\right]\cos\delta_{Ga} \quad （3-19）$$

式中，A 是试样的表面积；k_a 是试样的表观刚度。

　　括号中第二项是试样的弯曲校正项。对于各向同性的玻璃态高聚物与部分结晶高聚物，E'/G' 值约为 0.37；对于橡胶，约为 0.33。通过选择试样的 h/L 值来保证弯曲校正项＜0.1。

　　试样的剪切固有频率可以用式（3-20）估算：

$$f_s = \frac{1}{2L} \times \left(\frac{G_a'}{\rho}\right) \quad （3-20）$$

　　剪切损耗因子由式（3-21）计算：

$$\tan \delta_G = \frac{\tan \delta_{Ga}}{1 - \left(k_a / k_\infty \cos \delta_{Ga}\right)} \tag{3-21}$$

剪切损耗模量为

$$G'' = G' \tan \delta_G \tag{3-22}$$

实际上，DMA 测试时，在拉伸、压缩、弯曲和剪切形变模式中，实际测量的是位移幅值 S_A、载荷幅值 ΔF_A 及位移与载荷之间的相位差。试样的应变幅值 ε_0 根据试样尺寸和测得的位移幅值算出，

$$\varepsilon_0 = K_\varepsilon S_A \tag{3-23}$$

式中，K_ε 称为应变常数，取决于试样尺寸。

试样的应力幅值 σ_0 根据试样尺寸和测得的载荷幅值算出，

$$\sigma_0 = K_\sigma \Delta F_A \tag{3-24}$$

式中，K_σ 称为应力常数，取决于试样尺寸。

各形变模式中的 K_ε 和 K_σ 列于表 3-1 中。

表 3-1 各形变模式中的应变常数和应力常数

形变模式	应变常数，K_ε	应力常数，K_σ
拉伸/压缩	$\dfrac{1}{l}$	$\dfrac{1}{A} G_c$
单悬臂梁弯曲	$\dfrac{3t}{l^2}$	$\dfrac{3l}{wt^2} G_c$
双悬臂梁弯曲	$\dfrac{12t}{l^2}$	$\dfrac{3l}{4wt^2} G_c$
三点弯曲	$\dfrac{6t}{l^2}$	$\dfrac{3l}{2wt^2} G_c$
剪切三明治	$\gamma = \dfrac{x}{t}$	$\tau = \dfrac{1}{2A} G_c$

注：l 为试样长度（mm）；w 为试样宽度（mm）；t 为试样厚度（mm）；A 为试样的横截面积（mm^2）；γ 为（剪）切应变；x 为试样在剪切力作用下其截面所偏移的距离［具体可参见式（1-4）］；τ 为（剪）切应力；G_c 为重力常数（98.07SI 或 980.7cgs）

试样的贮存模量 E'（G'）、损耗模量 E''（G''）和损耗因子 $\tan\delta$ 直接按定义计算，计算公式具体为

$$E'\left(G'\right) = \frac{\sigma_0}{\varepsilon_0} \cos \delta = \frac{K_\sigma \Delta F_A}{K_\varepsilon S_A} \cos \delta \tag{3-25}$$

$$E''\left(G''\right) = \frac{\sigma_0}{\varepsilon_0} \sin \delta = \frac{K_\sigma \Delta F_A}{K_\varepsilon S_A} \sin \delta \tag{3-26}$$

$$\tan \delta = E''(G'')\big/E'(G') \qquad\qquad （3\text{-}27）$$

可以看出，DMA 中采用的计算公式要比之前理论探讨部分的公式简单得多，其中未包括任何校正项。虽然，在仪器设计时已尽量避免了共振问题，有关仪器柔度的校正也已包含在操作软件和计算软件中了，但按式（3-25）~式（3-27）计算的结果仍只能看作是表观动态黏弹性能。

3.4 基本实验模式与选择

在任一形变模式下，DMA 的实验模式一般包括以下几项。

3.4.1 单点测定

在任一选定的温度、频率和应变水平下测定试样的动态黏弹性能。

3.4.2 应变扫描

在任一选定的温度、频率下，测定试样在一系列不同应变水平下的动态黏弹性能。主要目的是得到试样的载荷或应力与应变之间的关系。

对于任何待测材料，在进行任何其他实验模式之前，先做一次应变扫描是非常重要和十分必要的。其意义在于：① 了解待测材料的基本力学性能，即刚度和阻尼；② 便于合理地选择其他实验模式中所需设置的应变水平和叠加的静载荷（如果有必要）。所谓合理，是指：① 应变水平应该落在应力-应变曲线的起始线性段内；② 试样上所受的动载荷与静载荷应该落在仪器施载能力范围内；③ 在拉伸、压缩和三点弯曲模式中，静载荷必须高于动载荷。静载荷高于动载荷的方式有 2 种：一种是在整个实验过程中静载荷保持恒定值，且大于最大的动载荷；另一种是使静载荷随动载荷的变化而变化，但始终保持大于动载荷一定的百分比，如 20%左右。一般来说，在恒温实验模式中，可采用前者，而在温度谱测试中，除特殊需要外，一般采用后者。因为在温度谱测试中，随温度升高，高聚物试样会软化，到达玻璃化转变区时，试样贮存模量将降低三四个数量级。如果静载荷始终保持不变，则会使软化的试样产生太大的形变，甚至超过仪器允许的形变量而不得不终止实验。而采用后一种方式时，由于试样软化，从而使之产生恒定应变所需的动载荷下降,静载荷也同时降低,因此能保证试样不至于发生过度形变。

3.4.3 温度扫描

在选定的频率和应变水平下，测定试样的动态黏弹性能随温度的变化，并由此获得被测试样的特征温度。这是动态黏弹性测试中应用最多的一种实验模式。

温度变化有两种方式，一种是阶梯式升/降温，另一种是线性连续式升/降温。阶梯式升/降温所需选择的参数是起始温度、终止温度，每一阶梯的温度增量和每一增量所需维持的时间。线性连续式升/降温所需选择的参数是以 ℃/min 表示的速率。不论阶梯式还是线性连续式，在整个实验温度范围内，速率可以始终如一，也可以分段变化。在每一段内，所选择的应变水平或数据采集的时间间隔也可以不同。例如，在试样模量较高的温度范围内，应变水平应低一些，以免所施载荷超过仪器施载能力的上限；在试样明显软化的温度范围内，应变水平应高一些，以免所施载荷低于仪器施载能力的下限。又例如，在试样性能变化较大的温度范围内（如玻璃化转变区），数据采集的时间间隔可以短一些，以保证仅仅跟踪性能的变化，避免失去有用的信息，而在试样性能变化不大的温度范围内，数据采集的时间间隔可以长一些。

如果温度扫描的目的是要比较准确地获得被测试样的 T_g、T_β、T_γ……物理转变温度，则升温速率应小于 2℃/min；如果只需系统地比较其他因素对这些转变温度的影响，则为节约时间，升温速率一般可取 3 ~ 10℃/min。测试中所设的固定频率可根据实验目的在 0.001 ~ 200Hz 内任选，但通常选择 0.1 ~ 10Hz 内的一个频率，更常用 1Hz。

3.4.4　频率扫描

在选定的温度下测定试样的动态黏弹性能随频率的变化。扫描的频率范围和数据采集方式由实验者选择，最低频率为 0.001Hz，最高频率为 200Hz。扫描进程可以从低频至高频，也可以从高频至低频，但一般都从低频至高频。扫描中频率变化可以有以下 3 种方式。

（1）线性变化。例如，在 0 ~ 100Hz 内，每隔 5Hz 采集一组动态黏弹性能数据。

（2）对数变化。例如，在 0.1 ~ 100Hz 的每一数量级频率范围内采集 n 个频率下的动态黏弹性能数据。例如，$n=5$ 时，仪器将自动在 0.1Hz、0.158Hz、0.25Hz、0.398Hz、0.63Hz；1Hz、1.58Hz、2.5Hz、3.98Hz、6.3Hz；10Hz、15.8Hz、25Hz、39.8Hz、63Hz、100Hz 等频率下采集数据。作图时，只要将频率坐标取对数坐标，数据点在频率坐标轴上将均匀分布。

（3）分立频率。由实验者按需要任意设置分立的频率，例如，0.1Hz、0.3Hz、0.7Hz、3Hz、11Hz、20Hz、54Hz、123Hz……仪器将在这些选定的频率下实验并采集动态黏弹性能数据。这有利于将实验值与文献值进行相互比较。频率越低，采集一个频率下的性能数据点所需的时间就越长，因为采集一次数据需要试样做数次振动。如果设定频率为 1Hz，即试样每 1s 振动一次，则数次振动就意味着要数秒钟；如果设定频率为 0.1Hz，即每 10s 振动一次，则需要数十秒钟才得到一个数据点；依次类推，0.01Hz 就要数百秒钟得一个数据点，0.001Hz 就要数千秒钟得一个数据点。所以，除非特殊需要，一般频率扫描范围的下限选在 0.01Hz 以上。另外，在高频段，虽然数据采集时间间隔很短，但如果试样刚度太高，容易引起主机中试样夹具与驱动部件的共振。所以最常用的频率扫描范围是 0.01 ~ 100Hz。

3.4.5　频率-温度扫描

在选定的温度范围内，于一系列间隔的恒定温度下做频率扫描，得到一系列恒定温度水平下的频率谱。扫描进程一般从低温至高温。例如，为得到木材在 30 ~ 180℃（10℃/step）内的一组频率扫描曲线，需首先在 30℃恒温条件下开始频率扫描；然后升温到下一恒定温度，如 40℃，恒温足够时间（如 10min）后再进行频率扫描；如此逐一进行，直至完成最后一个温度下的频率扫描为止。

从频率-温度扫描可进一步得到的信息如下。

（1）转换成被测试样在不同频率下的一组动态黏弹性能温度谱。如果不用频率-温度扫描，而用固定频率下的温度扫描，则需要用多个试样进行多次实验才能得到同样的结果。

（2）通过时间-温度等效原理（time-temperature superposition principle，TTSP），可得到选定参考温度下宽阔频率范围内的动态黏弹性能频率主曲线。DMA 提供有 TTS 软件，可方便而快速地得到主曲线。实验中扫描温度范围越宽，则通过时温等效原理得到的主曲线跨越的频率范围就越宽。此外，利用时温等效原理，可以从耗时不多且不会引起共振的有限频率范围内的扫描，得到频率范围远比仪器允许的频率范围（0.001 ~ 200Hz）宽得多的动态黏弹性能频率谱。

3.4.6　多频温度扫描

在等速升温过程中，只用 1 个试样，以 1 次实验，同时测出多个频率下的动态黏弹性能温度谱。其优点在于大大丰富了 1 次实验所能获得的信息，可以节约时间，此外，还消除原本需多次实验才能获得的结果中因试样之间的分散性所带来的误差。

3.4.7　时间扫描

在选定温度和频率下，测定材料动态黏弹性能随时间的变化。

除上述各种应变控制或应力控制下的动态实验模式外，DMA 还可实现应力控制下的静态实验模式（蠕变）和应变控制下的静态实验模式（应力松弛），即测定材料的静态黏弹性。

（1）蠕变是测定试样在恒定温度和恒定应力作用下应变（或蠕变柔量）随时间的变化。

（2）应力松弛是测定试样在恒定应变作用下应力（或应力松弛模量）随时间的衰减。

3.5　影响动态力学分析实验结果的因素

3.5.1　动态黏弹性能测试值的相对性

采用商用仪器公司计算软件中一般所采用的计算公式，所得表观值与真实值之间可能存在一定差距。另外，动态黏弹性能实验的变量很多，如形变模式、振动频率、应变水平、静动载荷之比、温度、湿度、升/降温方式与速率、试样尺寸、夹持力大小等。任何一个变量设置值的不同都会或多或少引起实验结果的差异，差异程度还与被测材料本身黏弹性中的黏性成分大小、各向异性程度等有关。如此多的因素组合在一起，很难从理论上对不同模式和不同条件下的实验结果进行换算。这是导致动态黏弹性能测试值具有相当不确定性的另一个原因。

但是，动态黏弹性能测试数据的相对性并不影响这种实验方法的应用价值。首先，通过仪器的一系列校正步骤，有可能使测量值尽量接近于真实值；其次，在相同条件下对不同材料所测表观值的相对大小，或对同一材料在不同条件下所测表观值的相对大小是可靠的。例如，通过测试材料的性能随温度、频率、时间等的相对变化，得到该材料的特征温度、特征频率或特征时间等，或通过固定实验条件测定不同材料的刚度与阻尼，筛选出较能满足使用要求的材料。在这类相对比较中，性能的绝对性已退居次要地位。实际上，将动态力学分析（DMA）作为热分析的测试手段之一，恰恰利用的就是这种相对性。

3.5.2　影响贮存模量测试值的因素

1）形变模式

一般地，三点弯曲测试值＞双悬臂梁测试值＞单悬臂梁测试值，材料的刚度越大，3 种模式测试值的差别就越大。

2）静载荷

材料贮存模量随静载荷的增加而提高；材料刚度越大，增加单位静载荷所引起的贮存模量的增量越多。

3）试样厚度

材料贮存模量随试样厚度的增加而降低；材料刚度越大，厚度对贮存模量的影响越大。贮存模量测试值随试样厚度的变化，主要是因为忽略了式（3-13）中剪切校正项给杨氏贮存模量带来的误差。尤其是各向异性材料，杨氏模量 E 与剪切模量 G 之间的比值较大，不作校正时，表观测量值远低于真实值。

4）动态应变

DMA 测试的理论基础是线性黏弹性，因此要求实验中动态应变的设定值落在被测材料的应力-应变曲线的起始线性段内。材料的线性情况还与形变模式有关。

5）频率

黏弹性理论指出，黏弹性材料在玻璃化转变区的性能与频率有关，但频率对普弹与高弹态材料的动态黏弹性能影响不大。因此，采用 DMA 测定材料的贮存模量时，频率设置的自由度较大。但需要考虑：设置的频率越低，则采集一个数据点所需的时间越长；设置的频率太高，容易引起整个试样台的共振。

3.5.3　影响力学松弛转变温度测试值的因素

1）升温速率

升温速率越快，力学松弛转变温度的测试值越高。可以从两个方面来考虑：一方面，提高升温速率相当于缩短观察时间，因此从时温等效的原理出发，黏弹性材料中黏性成分越多，力学松弛转变温度向高温方向移动的幅度就越大。另一方面，升温速率提高，试样表芯层的温差就可能增大，也会引起力学松弛转变温度升高。

2）频率

实验频率越高，力学松弛转变温度值越高。

3）应变水平

理论上，只要试样上所受的应力（应变水平）远低于材料的屈服应力，则材料的力学松弛转变温度应基本不变。

4）试样厚度

从热传导的角度考虑，试样越厚，表芯层的温差越大，力学松弛转变温度的测试值可能会越高，材料热传导越快，则对力学松弛转变温度的影响较少。

3.5.4　关于动态力学分析实验中的误差

在动态力学分析（DMA）实验中，直接测定的量有 7 类。

（1）试样尺寸。

（2）试样形变中的位移。

（3）使试样形变所需施加的载荷（包括动载荷和静载荷）。

（4）试样振动中动态形变与载荷之间的相位差。

（5）频率。

（6）温度。

（7）时间。

利用这些实测量，通过计算，得到贮存模量、损耗模量、损耗角正切等物理量。根据这些物理量随温度、频率和时间的变化，可得到特征温度、特征频率和特征时间。再结合分子热运动理论等，又能得到活化能等参数。因此，实验结果的精确度取决于：

（1）7 个实测量的精确度。

（2）对仪器柔度、试样夹持效应等引进误差的正确校正。

（3）所用理论计算公式的适用范围与实际情况的吻合程度。

其中，精确度包括精度和准确度 2 层意义。

就精度而言，在上述直接测定的量中，除试样尺寸取决于操作者所用的量具外，其他量的精度都取决于仪器本身的性能。试样尺寸，如果用游标卡尺进行测量，很容易精确到 1%。关于试样形变中位移、相位差、载荷、温度、频率和时间等，以目前的 DMA 技术水平论，都可以达到相当高的测试精度。

但精度高不等于准确度高。以试样尺寸为例，尽管所用量具的精度可能很高，但一个试样上长、宽、厚的均匀性取决于加工精度。如果试样加工比较粗糙，则由于输入计算程序中的尺寸准确度不高，势必影响到计算结果的准确性。另外，在试样必须被夹持的模式中，夹持会有损试样尺寸的准确性。此外，试样的尺寸还会影响试样在振动中的受力状态。以三点弯曲模式为例，试样跨/厚值不同时，形变中剪切分量的权重就不同。如果计算贮存模量时对剪切分量不作校正，则计算结果也就不够准确。试样越厚，结果越不准确。

第4章 木材动态黏弹性的主要影响因子解析

4.1 引 言

木材是一种多孔性的生物高分子材料，其黏弹行为是木材在自身复杂的特性和各种环境条件的制约下发生的复杂现象。除了时间这一决定性的因素外，材料的特性（如树种、材种、组织构造、化学和物理性能等）、载荷特性（如载荷的类型、加载的方式和周期等）、承载的方向及如湿度、温度等环境因素都极大地影响木材的黏弹性质。本章将围绕木材构造、化学组成、水分和温度 4 个方面的因素对动态黏弹性的影响及其机制进行归纳和总结。

4.2 组 织 构 造

木材是一种在自然条件下生长形成的生物高分子材料，内部呈现出不均质和不同排列方式的多孔状复杂构造，其构造差异包括细胞种类和排列方式的多样性，使得木材是一种具有 3 个主方向（轴向、径向、弦向）的各向异性材料。关于木材构造与动态黏弹性之间的关系，研究者开展了一系列工作。

4.2.1 树种、应力木与正常材

不同树种木材动态黏弹行为的差异体现在以下几个方面：线性黏弹区域的差别（Sun et al.，2007；Jiang and Lu，2009a）；贮存模量随温度升高呈现不同幅度的下降趋势（Placet et al.，2008；Bag et al.，2011；Zhang et al.，2012；Tanimoto and Nakano，2013）；力学损耗峰的强度和所对应的温度域也存在差异（Birkinshaw et al.，1986；Placet et al.，2007；2008；Brémaud et al.，2012）。

在动态黏弹性方面，应压木与应拉木均比正常材表现出更多的阻尼，但二者的原因不同：应压木是由于木质素含量高，因此具有高阻尼，同时引起横向刚度增强；应拉木是因为其细胞壁结构中存在胶质层（G 层），以至于不能与细胞壁的其他壁层形成紧密结合，引起刚度降低、阻尼增大（Placet et al.，2007）。

不同树种木材，以及应力木与正常材之间动态黏弹行为存在差异，主要归因于木质素的结构、纤维素的结晶度及细胞孔径的差异。此外，在不同含水率条件下的影响程度也会略有差异（Olsson and Salmén，1997；Havimo，2009）。

4.2.2　心材与边材、幼龄材与成熟材

树木从边材向心材的转变及由幼龄材生长为成熟材的过程中，化学组分的相对含量发生了变化，纤维形态和微纤丝角等也相应地有所变化，进而引起木材物理力学性质的差异（Shupe et al.，2008；Taghiyari et al.，2010；Bal and Bektaş，2013）。研究表明，人工林杉木（*Cunninghamia lanceolata*）心材区、过渡区、边材区的动态黏弹性存在差异，其表观活化能分别为 220kJ/mol、200kJ/mol 和 170kJ/mol，造成差异的主要原因是抽提物的沉积限制了细胞壁木质素的活动，使得木材软化需要更多的能量才能进行（Song et al.，2014）。Lenth（1999）指出，美国黄杨（*Liriodendron tulipifera*）和火炬松（*Pinus taeda*）的幼龄材与成熟材之间动态黏弹行为的差异呈现相反的变化趋势，推测是因为两种木材的木质素类型不同，各化学组分的相对含量也有差别所致。

4.2.3　纹理方向

Backman 和 Lindberg（2001）研究了欧洲赤松（*Pinus sylvestris*）径向与弦向的动态黏弹性，结果表明：径向的刚度较大、阻尼较小，其原因在于木射线作为骨架增强了径向的刚度。此外，木材不规则的六边形细胞赋予了径向更高的刚度（Gibson and Ashby，1997）。一般，在相同的测试条件下，木材轴向的力学损耗峰温度比横向的高，弦向的力学损耗峰温度比径向的高（Theocaris et al.，1982；Hoffmann and Poliszko，1996）。对于聚合物材料，通常其刚度越大，则力学损耗峰的温度越高，然而，木材弦向的刚度往往比径向的低，但其力学损耗峰温度却高于径向，这一现象有可能与早晚材在径、弦向的排列差异有关（Placet et al.，2007）。当木材的弦向受到拉伸应力作用时，会在 0℃左右出现明显的力学损耗峰，损耗峰的温度随含水率的增加向低温区域移动（Kelly et al.，1987；Nakano et al.，1990）。

对栓皮栎（*Quercus suber*）木材的研究结果表明：其动态黏弹行为与载荷作用模式有关。其中，拉伸刚度最高，弯曲刚度次之，压缩刚度最低；此外，沿木材径向和弦向分别进行拉伸测试时，在20℃和50℃分别出现了 2 个不同峰强的力学松弛过程，推测这一现象与树木在生长过程中吸收阶段性的外载荷能量（如风能）有关（Mano，2002）。

Jiang 和 Lu（2009b）采用拉伸和单悬臂梁弯曲 2 种形变模式研究了人工林杉木轴向、径向及弦向的动态黏弹行为，探讨了木材动态黏弹性的各向异性。研究表明，轴向的贮存模量最大，弦向的贮存模量最小；在-120 ~ 40℃内，2 个力学损耗峰温度和木材形变方向没有明显关系；轴向试样尽管刚度高，但力学损耗峰

温度却低于横向的力学损耗峰温度，这与 Backman 和 Lindberg（2001）的研究结果类似；此外，研究指出，在 2 种形变模式下，木材的力学损耗峰温度存在明显差异。

4.2.4　早材与晚材

木材早晚材的细胞形状，主要是细胞壁厚度具有显著差异，细胞壁厚度的变化代表着早材细胞与晚材细胞所包含的木材实质的量不相同。Norimoto 和 Zhao（1993）指出，木材径向与弦向力学损耗性质的差异主要归因于晚材率的不同及细胞排列的差异；欧洲赤松木材的弦向刚度比径向刚度低，但力学损耗峰温度却比径向的高这一现象也与早晚材在径、弦向的排列差异有关（Backman and Lindberg，2001）；Hori 等（2002）认为晚材率与损耗因子之间存在正相关关系，说明木材实质的量越多则阻尼越大。

4.2.5　微纤丝角

微纤丝角是影响木材刚度和干缩湿胀性质的一个重要指标，它对动态黏弹性的影响也不容忽视。Obataya 等（1998）将木材的微纤丝角作为变量引入黏弹性模型中，由静弹性模量公式变换得到动弹性模量公式。迄今，木材黏弹性模型（Mukudai and Yata，1986，1987；　Kojima and Yamamoto，2004；Engelund and Salmén，2012）的理论计算值与实际测量值之间仍存在差异，原因在于：一方面，木材组织构造的复杂多样性，另一方面，一些关键模型参数无法通过实际测量得到。

总的来说，木材组织构造与动态黏弹性之间的关系主要取决于细胞的承载方向及化学组分之间的相对变形。木材细胞的壁层之间及各方向上的刚度不同，使得其对周期性外力的响应也不相同。仅仅通过木材组织构造的变化无法对力学松弛机制做出清楚的解释，必须在深入了解化学组分在细胞壁内的排列方式后，并结合组分自身的化学性质，才能系统建立木材组织构造与动态黏弹性之间的关系。

4.3　化　学　成　分

化学成分的混杂是木材体现出复杂的物理力学性能的前提。木材细胞壁可以视为由弹性纤维和黏弹性基体组成。弹性纤维包括纤维素和一部分半纤维素；木质素和余下部分的半纤维素组成黏弹性基体。弹性纤维和黏弹性基体对木材动态黏弹性的影响，主要取决于二者组分的相对比例及其性质。在木材细胞壁中，假设化学成分处于分离状态：纤维素具有弹簧的性质，半纤维素和木质素类似黏壶，具有黏性。但实际上，纤维素、半纤维素和木质素在木材组织中并非是分离、独立存在的，弹性与黏性的化学组分或是局部以串联方式排列，或是局部以并联方式排列，无法清晰地区分各个化学组分对木材黏弹性的影响（Bodig，1982；渡辺治人，1984）。

4.3.1　弹性纤维

弹性纤维决定了木材的轴向刚度，尤其是细胞壁 S_2 层的微纤丝角与结晶度（Donaldson，2008），纤维素结晶区的宽度也会影响损耗因子值（Hori et al.，2002）。对于绝干纤维素，可以观察到一个由非结晶区伯醇羟基回转取向运动所引起的力学松弛过程（Norimoto，1976）；Kimura 和 Nakano（1976）认为，纤维素的松弛过程是由"羟基-水"复合基团的运动造成的；但是，也有报道指出，不含有羟基的三甲基纤维素与原始纤维素的力学松弛过程相似，这也说明纤维素的松弛过程有可能不需要羟基的参与（Norimoto and Zhao，1993）。

弹性纤维对木材的黏性基本不产生影响，但水分（包括改性剂）的进出会引起黏弹性基体的尺寸发生膨胀或收缩，从而引起弹性纤维发生侧向伸长或收缩（Toba and Yamamoto，2013）。无定形纤维素的分子运动受到结晶纤维素限制，使得纤维素的软化温度较高，但在水分的作用下，纤维素表现出较宽的软化温度域，玻璃化转变温度随着含水率的增加移向低温方向（Lindberg and Laanterä，1996）。

4.3.2　黏弹性基体

木质素和半纤维素对木材的横向弹性性能具有显著影响（Salmén，2004）。木质素和半纤维素作为黏弹性基体的组成成分，尽管二者的玻璃化转变温度不一样（Salmén and Olsson，1998），但从复合材料力学的角度出发，可将黏弹性基体视为混杂聚合物或均一聚合物（Bergander and Salmén，2002）。

在恒温恒湿条件下，木质素表现出更多的黏性（Åkeroholm and Salmén，2003）。木材动态黏弹性主要由弹性纤维和黏弹性基体的性质和相对比例来决定（Obataya et al.，1998）。基于此，Obataya 等（1998）和 Sugiyama 等（1998）从复合材料力学的观点出发，建立了单轴的黏弹性模型，用弹性纤维和黏弹性基体的组分比例来表征实体木材的贮存模量和损耗模量；此外，研究了 5 种化学处理木材的动态黏弹行为，并与黏弹性理论模型进行了比较。

木质素主要决定木材细胞壁的黏性，其所引起的力学松弛过程在轴向与横向试样的损耗因子-温度关系曲线中基本类似（Salmén，1984）；此外，木材的玻璃化转变温度与木质素的甲氧基含量有关：甲氧基含量越高，玻璃化转变温度越低。阔叶材中木质素的甲氧基含量较高，因此与针叶材相比，阔叶材的玻璃化转变温度通常较低（Olsson and Salmén，1997；Placet et al.，2007）。

4.3.3　抽提物

　　一般，木材抽提物的相对含量并不高，但其影响着木材的物理力学性能和机械加工性能。目前，关于抽提物对木材动态黏弹性影响的研究通常采用 2 种方法：一种是将试样的抽提物去除；另一种是将抽提物注入其他的木材中，以此来研究抽提物的作用。通常认为，抽提物与木质素、半纤维素之间形成氢键，从而限制了黏弹性基体物质的运动（Minato et al.，2010），进而减少内耗、阻尼降低（Matsunage et al.，2000）。研究表明，在相同测试条件下，北美乔柏（*Thuja plicata*）心材的损耗角正切值仅为边材的 50%（Yano，1994），抽提物与黏弹性基体物质之间形成氢键，能够提高木材的横向刚度（Yano，1995；Minato et al.， 2010）。

4.4　水　　分

　　木材中的水分，尤其是吸着水，显著影响着木材的物理力学性质和实际应用。水分不仅贯穿于木材形成的全过程，而且还伴随着木材实体的诞生一起脱离树木生活体。虽然木材离开了树木生活体，但是水分仍然伴随着木材的各种行为。因此，可以说，木材与水分之间的关系密不可分（Skarr，1998；赵广杰，2002）。加之木材组织构造、化学成分的多样性和复杂性，以及木材细胞壁分子运动单元的多重性，使木材动态黏弹行为也呈现多样性的变化。

　　木材的含水率是环境温湿度的函数。木材的吸着水具有"增塑剂"的作用，能够降低木材刚度（Cousins，1976；1978；Hillis，1984），降低木质素和半纤维素的玻璃化转变温度（Kelly　et al.，1987；Furuta et al.，1997；Olsson and Salmén，1997）。半纤维素的木聚糖和葡甘露聚糖的结构易随环境相对湿度的变化而发生改变（Salmén and Olsson，1998）。

　　绝干材在 0℃以下的低温域内只存在一个力学松弛过程，是由细胞壁无定形区中伯醇羟基的回转取向运动引起的，但在有水分存在的情况下则会新增加一个由吸着水分子的回转取向运动引起的力学松弛过程，并且该松弛过程的活化熵数值较大，基本不随含水率的增减而变化，说明其可能是由水分和木材某些组分共同作用的松弛过程（Obataya et al.，1996；2001）。Furuta 等（2001）从日本扁柏（*Chamaecyparis obtusa*）木材中分离出无定形纤维素、半纤维素和磨木木质素，并研究了它们各自的动态黏弹行为，结果表明：与实体木材的情况类似，无定形纤维素和半纤维素的水溶液均在约-40℃时出现了一个力学松弛过程，但磨木木质素的水溶液则没有出现这一现象，因此可以推断-40℃附近的力学松弛过程是由水溶性多糖和水的存在引起的。

在-120~40℃内,由纤维素无定形区的伯醇羟基和吸着水分子的回转取向运动引起的力学松弛过程的损耗峰温度、表观活化能均随含水率的增加而降低(蒋佳荔和吕建雄,2006);一方面,是因为水分的存在使得木材的黏性增大,半纤维素更容易发生玻璃化转变;另一方面,随着含水率的增加,水分子的进入会切断木材中的一部分氢键连接,使得部分伯醇羟基得以释放进行回转取向运动,同时伯醇羟基与吸着水分子复合基团又增加了回转取向的位垒障碍(Back and Salmén,1982);但当含水率增加至15%以上时,吸着点基本被多分子层吸着水占据,此时的吸着水分子结构比较均一,所以力学损耗峰温度会略微增加(Obataya et al.,2001)。

4.5 温 度

当环境温度变化时,木材内部发生2个方面的变化:一方面,是内含能量水平的瞬变;另一方面,细胞壁化学结构发生变化。木材主要是由部分结晶的纤维素和无定形的半纤维素与木质素构成。当将木材加热到一定温度时,木材中的无定形纤维素、半纤维素和木质素会发生玻璃化转变,此时,木材的物理力学性质均会发生显著变化:木材的刚度降低,黏滞性显著增加。

当木材发生玻璃化转变时,木材的每个聚合物单体都获得足够能量来减弱相互间的吸引力和激发内部的分子运动。因此,木材在一定程度上呈现塑化现象。根据对木材的无定形纤维素、半纤维素和木质素的玻璃化转变温度进行研究,绝干状态下无定形纤维素、半纤维素和木质素的玻璃化转变温度范围分别为200~250℃、150~220℃和130~205℃(Back and Salmén,1982),水分的存在可以显著降低木材的玻璃化转变温度。木材吸收热量还会引起细胞壁分子链的伸展和滑移,造成分子内化学键的断裂,进而增加分子的流动性及延展性(Placet et al.,2007,2008)。

第5章 木材线性黏弹区域的温度与含水率依存性

5.1 引 言

黏弹性材料在受到交变应力作用而产生形变时，一部分能量以弹性性能的形式储存起来，另一部分能量则转化为热能耗散掉。材料的黏弹性分为线性和非线性两大类。若材料的性能表现为理想弹性和理想黏性的组合，即材料的应力与应变、应力与应变速率之间均存在线性关系，则称为线性黏弹性（马德柱等，2003）。所有的黏弹性材料均存在线性黏弹区域（linear viscoelastic region），在该区域内，材料的结构变化是可逆的，黏弹性实验数据的重现性好，且容易对其进行数学描述，对实验现象的解释也可以大大简化。当外力作用使材料的形变超出其自身的线性黏弹区域时，外力的作用会造成材料结构发生不可逆改变。因此，应力/应变响应的表现形式将变得复杂，诸如破坏力学（Ferry，1980）。目前，对材料进行测定的黏弹谱仪和一些经典的黏弹性理论模型多以线性黏弹性作为理论基础。因此，在动态黏弹性测定时，所设置的相关实验参数应该满足是在材料的线性黏弹区域内这一基本前提。

在早期的木材动态黏弹性能研究中，人们往往忽视了"首先应确定试样的线性黏弹区域，再根据该区域来选择施加的应变量，从而保证施加的应变量小于线性黏弹区域的临界应变值（critical strain）"这一前提条件。例如，Hillis 和 Rozsa（1978，1985）采用扭摆仪在 40～90℃内观察到生材试样的 2 个力学松弛过程，认为它们分别是由半纤维素和木质素的热软化所引起的。然而，在测定过程中，施加到试样上的扭转位移超过了 360°，即施加到试样上的变形量已远远超出了木材的线性黏弹区域的临界应变值。因此，这 2 个力学松弛过程所反映的不再是简单的半纤维素和木质素的软化点。同时，有研究指出，饱水木材半纤维素的软化点低于室温（Furuta et al.，1997；Laborie et al.，2004），木质素的软化点为 60～95℃（Olsson and Salmén，1997）。

此外，在一定程度上，材料的黏弹行为也可以通过其线性黏弹区域的大小来反映。近年来，随着动态黏弹性能测试技术的发展，研究者开始关注木材线性黏弹区域方面的研究，Sun 等（2007）研究了不同树种木材在不同纹理方向上的线性黏弹区域。Suevos 和 Frazier（2005，2006）及 Laborie 等（2004）在研究中也以木材的线性黏弹区域的临界应变值作为依据来选择动态黏弹性能测试的实验参数。

本章将从木材线性黏弹区域对温度和含水率的响应入手，通过动态应变扫描实验，研究木材线性黏弹区域的临界应变值 γ_c 与温度、含水率、载荷频率之间的关系，并根据临界应变值 γ_c 计算木材在不同温度与含水率下的弹性势能（elastic potential energy）W_{el} 与屈服应力（yield stress）σ。

5.2　材料与方法

5.2.1　试样制备

实验材料为人工林杉木（*Cunninghamia lanceolata*）的心材。生材含水率为 70%～85%，平均基本密度为 0.27g/cm^3。在心材部位相同的年轮区域内取材，制成无疵小试样，尺寸为 $35\text{mm}(L) \times 12\text{mm}(R) \times 2.5\text{mm}(T)$。试样锯解过程如图 5-1 所示。在动态黏弹性测试中，同一条件下的试样数为 3 个，最后取其平均值绘制出实验曲线。

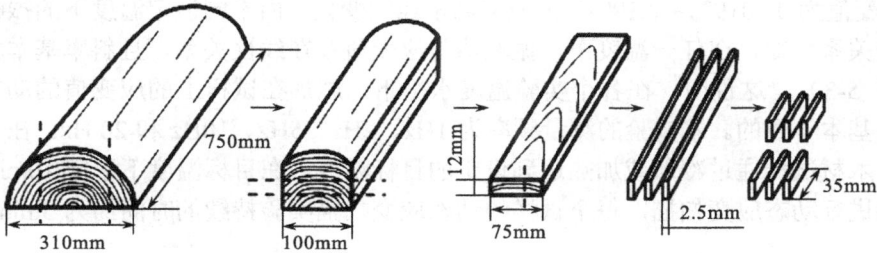

图 5-1　试样锯解示意图

5.2.2　试样含水率调整

在室温（18～22℃）下，采用饱和盐溶液调湿法，分别在 6 个干燥器中利用五氧化二磷（P_2O_5）、氯化镁（$MgCl_2$）、溴化钠（NaBr）、氯化钠（NaCl）、氯化钾（KCl）和硝酸钾（KNO_3）调制 6 个恒温恒湿环境，相对湿度分别为 0、33%、58%、76%、86% 和 93%，将木材试样置于不同的恒温恒湿环境中进行吸湿或解吸，当试样在 24h 内的质量变化小于 0.1% 时，可认为该试样达到含水率平衡态。经实验测定，试样在 0、33%、58%、76%、86% 和 93% 相对湿度环境中达到的平衡含水率分别约为 0、5.9%、9.1%、13.4%、16.5% 和 19.4%。

5.2.3　动态应变扫描实验

利用 DMA（dynamic mechanical analysis）动态力学分析仪（美国 TA 公司）

进行测试。采用单悬臂梁弯曲形变模式，跨距为 17.65mm，夹具的上紧力矩为 80N·cm。木材试样的径面受夹持沿弦向弯曲，如图 5-2 所示。

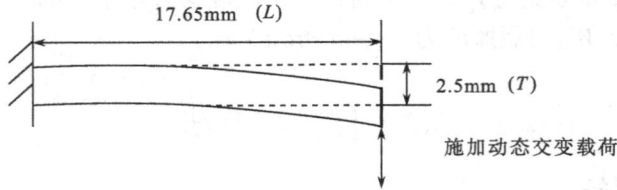

图 5-2　试样形变示意图

对于全干材（含水率为 0）试样，动态应变扫描实验分别在 18 个恒定温度水平下进行：−120℃、−100℃、−80℃、−60℃、−40℃、−20℃、0℃、20℃、40℃、60℃、80℃、100℃、120℃、140℃、160℃、180℃、200℃和 220℃。在动态应变扫描过程中，频率值固定，施加到试样上的振幅/应变值（振幅值为 1～100μm/ 应变值为 0.0019%～0.19%）由低至高呈线性变化。由不同恒定温度下的振幅与应变关系可知，在任一温度下，振幅值与应变值存在线性关系，且斜率基本相同（图 5-3）。这说明，在各个实验温度水平下，施加在试样上的应变值的动态变化是基本一致的。本实验的测量频率为 1Hz、2Hz、5Hz、10Hz 和 20 Hz。在室温下，木材试样通过冷却或加热达到设定的目标温度，在目标温度下平衡 10min 后开始进行动态应变扫描，每个试样的动态应变扫描实验持续的时间约为 5min。

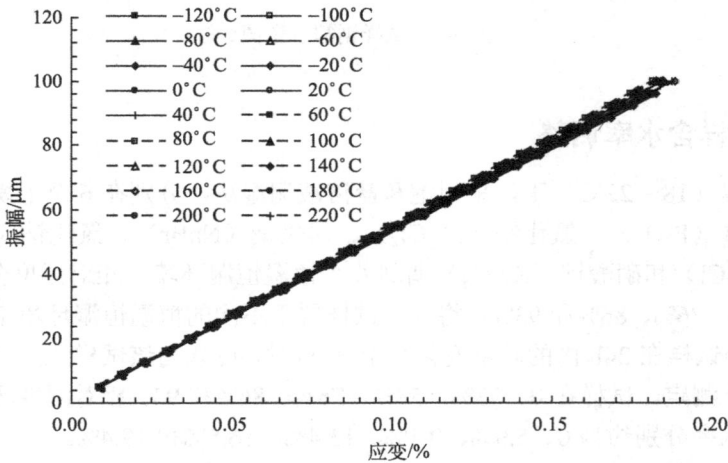

图 5-3　全干材在不同温度下动态应变扫描实验的振幅值与应变值的关系曲线

对于湿材（含水率为 5.9%～19.4%）试样，动态应变扫描实验分别在一系列恒定温湿度场中进行，恒定温度设为 7 个水平：25℃、40℃、50℃、60℃、70℃、80℃和90℃。恒定相对湿度为 5 个水平（选择依据是与试样含水率调整时的相对湿度水平相一致）：33%、58%、76%、86%和93%。在动态应变扫描过程中，频率值为 1Hz，施加到试样上的振幅/应变值（振幅值为 1 ~ 100μm / 应变值为0.0012% ~ 0.12%）由低至高呈线性变化。由图 5-4 可知，在任一恒定温湿度场中，振幅值与应变值存在线性关系，且斜率相同。这说明，在各个实验温湿度水平下，施加在试样上的应变值的动态变化是基本一致的。在室温下，首先是 DMA 测试炉体内的环境相对湿度升高至设定的目标湿度，随后将木材试样加热至设定的目标温度，在目标温湿度下平衡 10min 后开始进行动态应变扫描，每个试样的动态应变扫描实验持续的时间约为 5min。通过在动态应变扫描实验前后分别对试样进行称重，结果表示木材试样的含水率变化小于 2%。

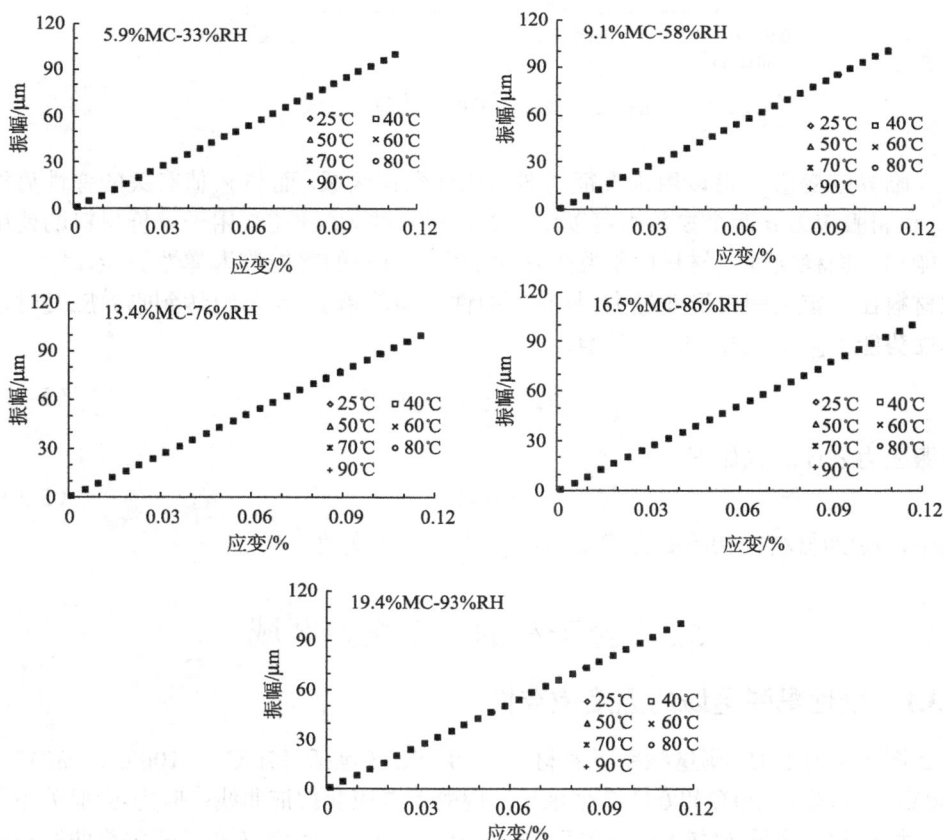

图 5-4　不同含水率木材在一系列温湿度场中动态应变扫描实验的振幅值与应变值的关系曲线

5.2.4　线性黏弹区域的确定

材料的线性黏弹区域与非线性黏弹区域的分界点一般采用临界应变值 γ_c 来表征。本实验中，将木材试样在初始应变值（全干材为 0.0019%，湿材为 0.0012%）下的贮存模量值设为初始值 E_0'。临界应变值 γ_c 为木材试样的贮存模量值降为其初始值 E_0' 的 95%时所对应的应变值，如图 5-5 所示。

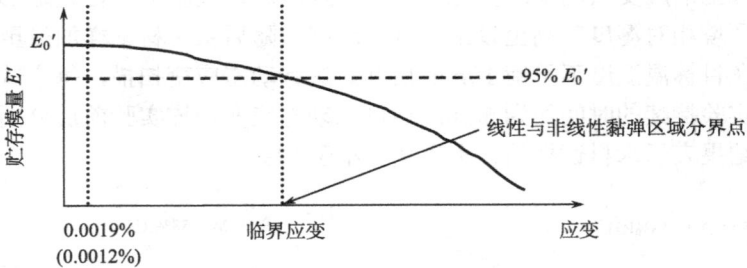

图 5-5　线性黏弹区域的确定方法

临界应变值 γ_c 可以用来表征材料的线性黏弹区域，而与 γ_c 值有关的弹性势能 W_{el} 和屈服应力 σ 两个参数则可以用来表征材料的力学性能，用于评价材料的使用性能和结构稳定性。材料由于发生弹性形变而具有的势能称为弹性势能，同一弹性材料在一定范围内形变越大，具有的弹性势能就越多。当材料达到临界应变时，弹性势能 W_{el} 通过式（5-1）计算：

$$W_{el} = \frac{1}{2} E_0'(\gamma_c)^2 \tag{5-1}$$

屈服应力 σ 计算式如下：

$$\sigma = E_0'\gamma_c \tag{5-2}$$

式中，E_0' 为材料的初始贮存模量值；γ_c 为临界应变值。

5.3　全干材的线性黏弹区域

5.3.1　线性黏弹区域的温度依存性

图 5-6 为 1 Hz 测量频率下木材在 -120~0℃（包括 -120℃、-100℃、-80℃、-60℃、-40℃、-20℃和 0℃ 7 个水平）内的动态应变扫描曲线：应力-应变关系曲线、相对贮存模量 E'/E_0'-应变关系曲线、相对损耗模量 E''/E_0''-应变关系曲线和损耗因子 $\tan\delta$-应变关系曲线。从图 5-6（a）中可以看出，在任一温度下，应力与应变呈线性关系，说明实验施加的应变水平（0.0019% ~ 0.19%）落在试样应力-应变

曲线的线性段内。对试样在各个温度水平下的应力值进行比较，结果表明：在相同的应变条件下，-120℃时的应力值最大，0℃时的应力值最小，随着温度的升高，应力-应变关系曲线的斜率呈现出减小的趋势，随着应变值的增加，应力值在不同温度之间的差异逐渐增大。相对贮存模量 E'/E_0' 为任一应变下的贮存模量 E' 与初始应变（0.0019%）时贮存模量 E_0' 的比值。由图 5-6（b）可知，试样在不同温度下的相对贮存模量 E'/E_0' 值均随着应变值的增加而降低，但不同温度之间的 E'/E_0' 值随应变值增加而下降的幅度存在差异：在-100℃时，E'/E_0' 值的降幅最小，为 5%；而在-80℃时 E'/E_0' 值的降幅最大，为 6%。木材试样在不同温度下的线性黏弹区域临界应变 γ_c 值定义为初始贮存模量值降低至 95%时所对应的应变值［图 5-6（b）中虚线］。相对损耗模量 E''/E_0'' 为任一应变下的损耗模量 E'' 与初始应变（0.0019%）时损耗模量 E_0'' 的比值。相对损耗模量 E''/E_0''［图 5-6（c）］和损耗因子 $\tan\delta$［图 5-6（d）］值均随应变值的增加呈现出增大的变化趋势，不同温度之间 E''/E_0'' 值的差异随着应变值的增加而增大，而不同温度之间 $\tan\delta$ 值的差异则随应变值的增加基本保持不变。-80℃时的损耗因子 $\tan\delta$ 值明显高于其他温度下

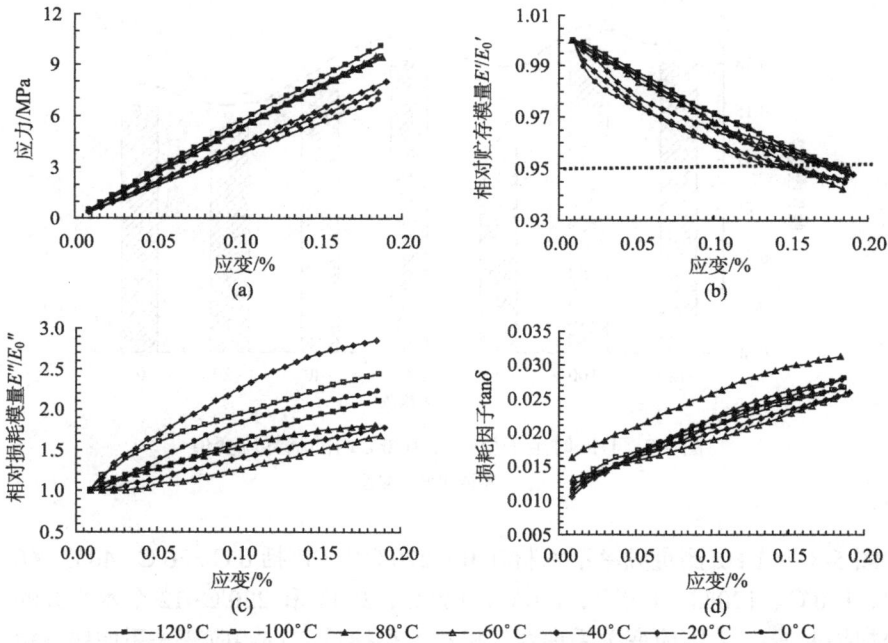

图 5-6　1Hz 时全干材在-120～0℃内的动态应变扫描曲线

（a）应力-应变关系曲线；（b）相对贮存模量 E'/E_0'-应变关系曲线；（c）相对损耗模量 E''/E_0''-应变关系曲线；
（d）损耗因子 $\tan\delta$-应变关系曲线；相对贮存模量 E'/E_0'。E' 和 E_0' 分别为任一应变和初始应变（0.0019%）时的贮存模量值；相对损耗模量 E''/E_0''。E'' 和 E_0'' 分别为任一应变和初始应变（0.0019%）时的损耗模量值

的 tanδ 值，这与 "−80℃时 E'/E_0' 值的降幅最大［图5-6（b）］" 的现象是相互对应的。

图5-7 为−120～0℃内木材线性黏弹区域的临界应变值 γ_c 随温度的变化情况。临界应变值越高，表明材料的线性黏弹区域越宽阔，材料在破坏前抵抗变形的能力越强。从图5-7 中可以看出，临界应变值在总体上随着温度的升高稍有下降，但在−80℃和−20℃时，其临界应变值明显低于相邻温度的临界应变值。推测认为，这与木材在0℃以下温度域内出现的2个力学松弛过程有关。Obataya 等（1996）研究指出，高含水率木材试样在−40℃附近出现一个由吸着水分子的运动所引起的力学松弛过程，随着含水率的降低，松弛过程的损耗峰温度移向较高的温度域；对于含水率为 0.5%～0.7%的木材试样，其力学松弛过程的损耗峰温度出现在−30~−20℃附近。研究表明，出现在−110～−80℃附近的力学松弛过程是由木材细胞壁无定形区中伯醇羟基基团的回转取向运动引起的（Kelly et al.，1987；Obataya et al.，1996），此外，该力学松弛过程的损耗峰温度还取决于试样的含水率水平：力学损耗峰温度随着含水率的增加移向低温方向。

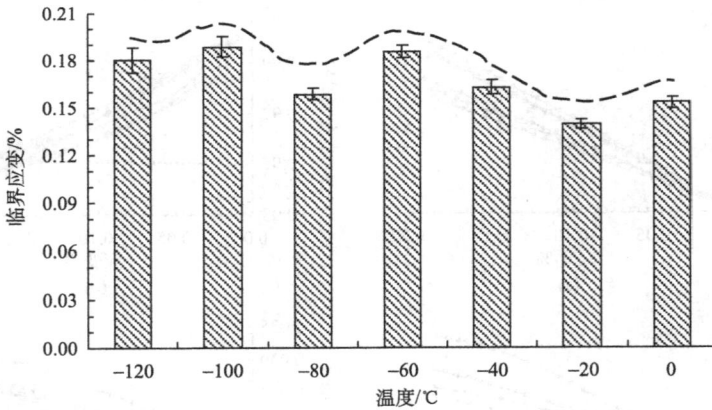

图5-7 1Hz 时全干材在−120~0℃内的临界应变值
误差棒代表标准差

图5-8 为1 Hz 测量频率下木材在0～220℃内（包括0℃、20℃、40℃、60℃、80℃、100℃、120℃、140℃、160℃、180℃、200℃和220℃ 12个水平）的动态应变扫描曲线：应力-应变关系曲线、相对贮存模量 E'/E_0'-应变关系曲线、相对损耗模量 E''/E_0''-应变关系曲线和损耗因子 tanδ-应变关系曲线。由图5-8（a）可以看出，在任一温度下，应力与应变呈线性关系，这说明在实验温度域内所施加的应变水平（0.0019%～0.19%）落在试样应力-应变曲线的线性区域内。总体上说，在相同的应变水平下，应力值随着温度的升高呈现出减小的趋势，不同温度之间

的应力值差异随着应变水平的增加逐渐增大。由图 5-8（b）可知，试样在不同温度下的相对贮存模量 E'/E_0' 值均随着应变值的增加而逐渐降低，且其下降的幅度随着温度的升高而增大；同时，不同温度之间的 E'/E_0' 值差异随着应变水平的增加而增大。在 200℃和 220℃温度水平下，相对贮存模量 E'/E_0' 值的降幅显著增大，这是由于木材细胞壁聚合物发生了热降解所致（Schaffer，1973；Back and Salmén，1982）。不同温度水平下，随着应变值的增大，试样的相对损耗模量 E''/E_0''［图 5-8（c）］和损耗因子 tanδ［图 5-8（d）］值均呈现出先增大后较为稳定的变化趋势（220℃时的情况除外）。不同温度之间 E''/E_0'' 值的差异随着应变值的增加而增大。对于 tanδ，当应变值低于 0.05%时，不同温度之间 tanδ 值的差异随着应变值的增加而增大；但当应变值继续增大时，不同温度之间 tanδ 值的差异随着应变值的增加趋于稳定并基本保持不变。200℃和 220℃时的 tanδ 值明显高于其他温度下的 tanδ 值，这从另一个方面也说明木材发生了热降解，伴随着更多的能量耗散。

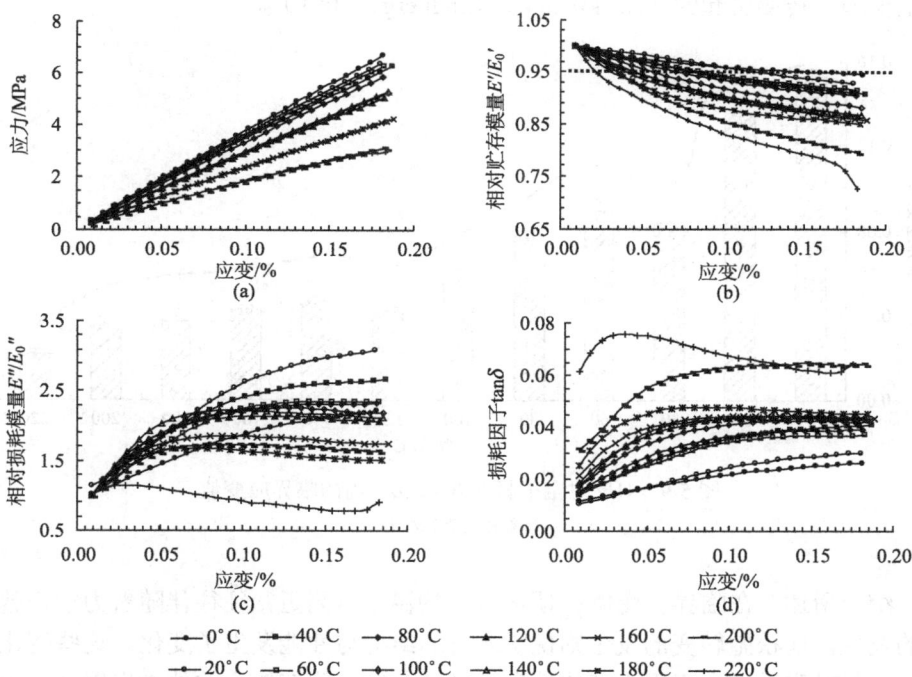

图 5-8　1Hz 时全干材在 0～220℃内的动态应变扫描曲线

（a）应力-应变关系曲线；（b）贮存模量 E'/E_0'-应变关系曲线；（c）损耗模量 E''/E_0''-应变关系曲线；（d）损耗因子 tanδ-应变关系曲线；贮存模量 E'/E_0'，E' 和 E_0' 分别为任一应变和初始应变（0.0019%）时的贮存模量值；相对损耗模量 E''/E_0''，E'' 和 E_0'' 分别为任一应变和初始应变（0.0019%）时的损耗模量值

　　图 5-9 为 0 ～ 220℃内木材线性黏弹区域的临界应变 γ_c 值随温度的变化情况。从总体上看，临界应变 γ_c 值随着温度的升高呈现出降低的变化趋势，但在 40℃、120℃和 220℃时的临界应变值则明显低于相邻温度的临界应变值。这可能与木材在 0℃以上温域内出现的 3 个力学松弛过程有关。一般认为，出现在 200℃附近的力学松弛过程是由木材细胞壁无定形聚合物发生微布朗运动而引起的（Sugiyama et al.，1996、1998），同时，伴随着纤维素的结晶度开始下降（Taniguchi et al.，1966；Chow and pickeles，1971；Schaffer，1973；Moraes et al.，2004）。发生在 120℃附近的力学松弛过程则是由木质素发生热软化而引起的（Schaffer，1973；Furuta et al.，2000；Obataya et al.，2003）。然而，对于出现在 40℃附近的力学松弛过程，对其分子运动归属机制的解释至今还未有一个明确、统一的定论：有些研究者认为该力学松弛过程与木材成分和水分的存在有关（Nakano et al.，1990）；一些研究者则认为其是由木材中的某些化学组分发生了玻璃化转变引起的（Mano，2002）；同时，还有一些研究者认为该力学松弛过程是由低分子质量的半纤维素发生玻璃化转变引起的（Backman and Lindberg，2001）。

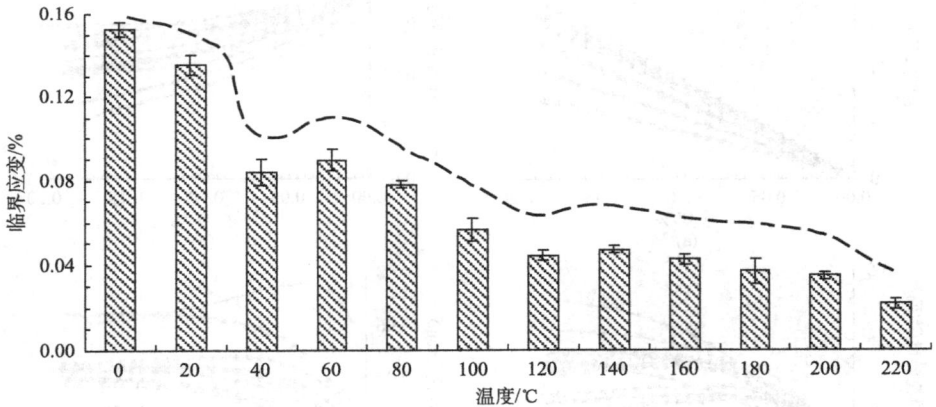

图 5-9　1Hz 时全干材在 0 ～ 220℃内的临界应变值

误差棒代表标准差

　　综上所述，在临界应变值 γ_c 明显降低的温度域附近，往往伴随着力学松弛过程的发生，而松弛转变的发生则说明木材的结构与性能发生了变化。这些变化反映在木材黏弹性能上表现为其线性黏弹区域变窄，即在较小的外力作用下，木材试样就会发生变形，甚至发生不可逆的结构变化。

5.3.2　临界应变值对测量频率的响应

　　图 5-10 为木材试样线性黏弹区域的临界应变值随着温度与测量频率的变化

而发生相应变化的情况。从中可以看出，在任一温度下，随着频率由 1Hz 升至 20Hz，临界应变值均呈现出逐渐减小的趋势。一般来说，木材的动态模量在一定程度上与所施加的载荷频率有关（Burmester，1965；Hearmon，1966；Bucur，1983；Olsson and Perstorper，1992；Haines et al.，1996）。Quis（2002）指出，所有固体材料的弹性模量均随着测量频率的增加而增大。此外，一些研究者也报道了木材贮存模量 E' 值随着测量频率的增加而增大的现象（Furuta et al.，2001；Placet et al.，2007；Jiang et al.，2008a）。然而，在本实验温度范围内，临界应变值 γ_c 均随着测量频率的增加而减小，这与贮存模量 E' 值随测量频率变化的情况相反。随着测量频率的增加，木材的动态刚度增大，但同时其线性黏弹区域却相应变窄，说明木材的脆性有所增加。

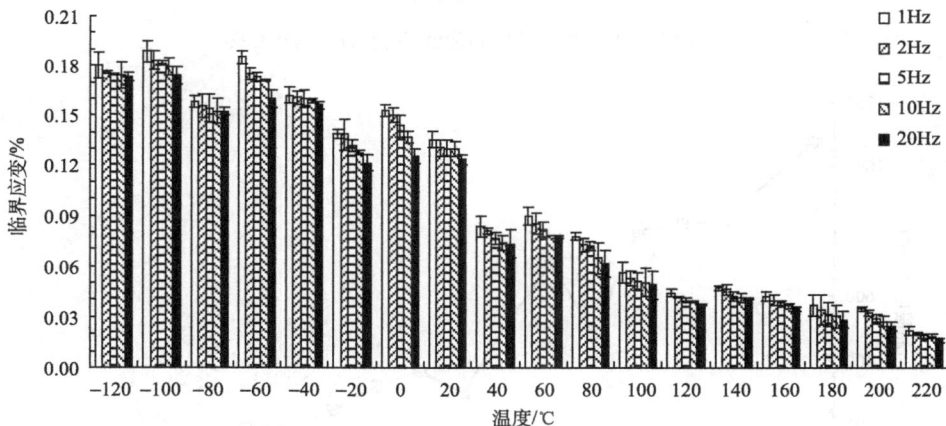

图 5-10　1～20Hz 测量频率下全干材在-120～220℃内的临界应变值

误差棒代表标准差

5.3.3　弹性势能与屈服应力的计算

根据临界应变 γ_c 值求得的弹性势能 W_{el}［式（5-1）］和屈服应力 σ［式（5-2）］可以用来表征木材在其线性黏弹区域内的力学性能。同时，材料的弹性势能和屈服应力也是用来评价材料加工和使用性能的重要参数。由 1Hz 测量频率下木材的弹性势能与温度的关系曲线（图 5-11）可以看出，总体上，弹性势能随温度的升高而降低，但当温度高于 40℃时，弹性势能逐渐趋于稳定，变化较小。此外，在-80℃、-20℃、40℃和 120℃ 4 个温度水平，由于受临界应变值的影响，弹性势能出现急剧下降。弹性势能小意味着木材的强度低、抵抗变形破坏的能力弱。图 5-12 为 1Hz 测量频率下木材的屈服应力与温度的关系曲线。屈服应力随温度升高而发生变化的趋势与图 5-11 中弹性势能的变化情况基本一致。

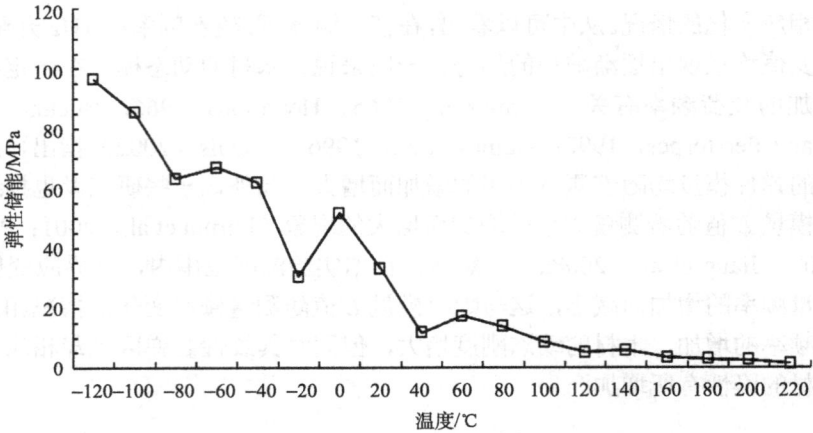

图 5-11　1Hz 时全干材的弹性势能与温度的关系

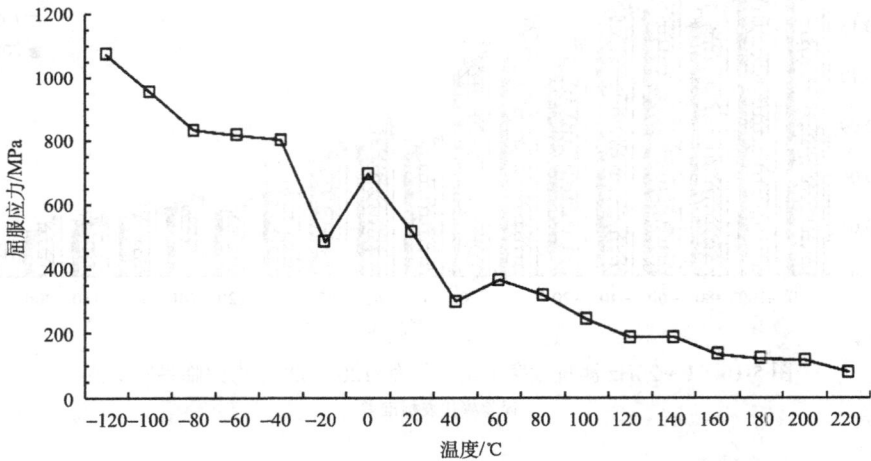

图 5-12　1Hz 时全干材的屈服应力与温度的关系

5.4　湿材的线性黏弹区域

5.4.1　不同含水率木材线性黏弹区域的温度依存性

图 5-13 为不同含水率（5.9%、9.1%、13.4%、16.5%和 19.4%）木材在一系列恒定温湿度环境（温度为 25～90℃；湿度为 33%～93%RH）中的应力-应变关系曲线、相对贮存模量 E'/E_0'-应变关系曲线、相对损耗模量 E''/E_0''-应变关系曲线和损耗因子 tanδ-应变关系曲线。

A: 5.9%MC

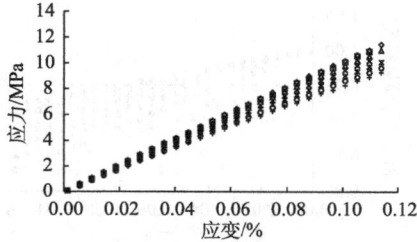

(a)

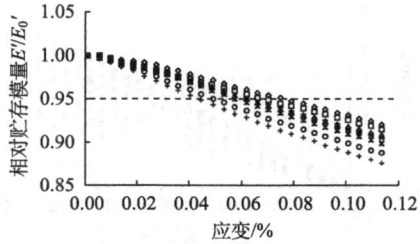

(b)

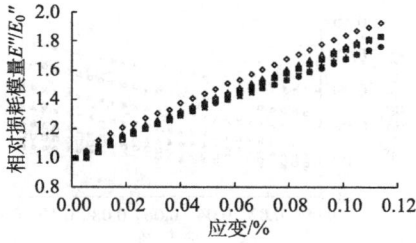

(c)

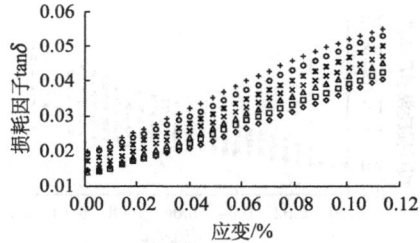

(d)

B: 9.1%MC

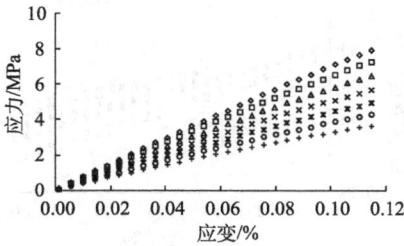

(a)

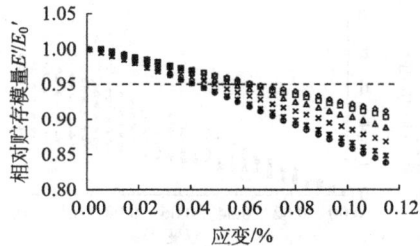

(b)

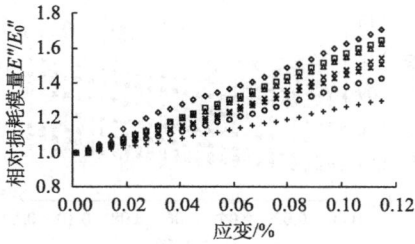

(c)

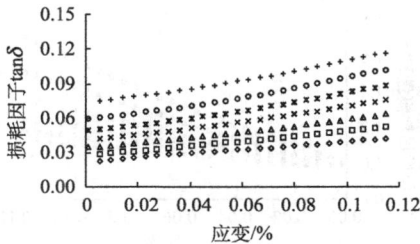

(d)

C: 13.4%MC

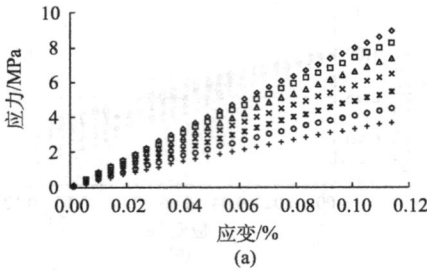

(a)

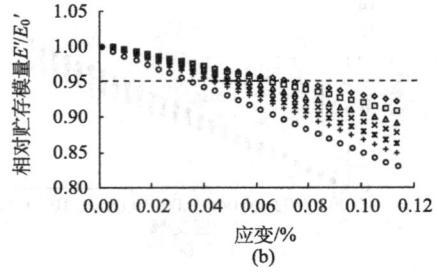

(b)

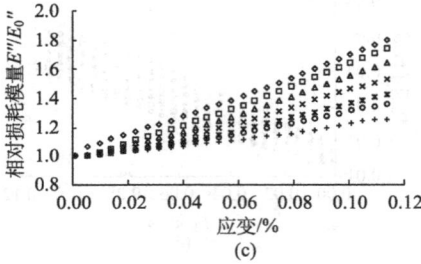

(c)

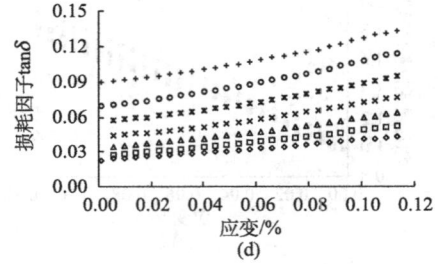

(d)

D: 16.5%MC

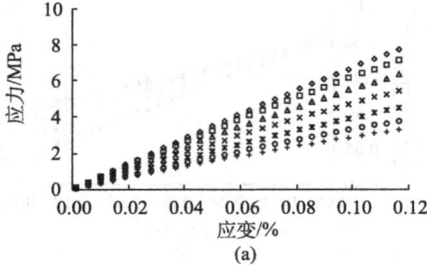

(a)

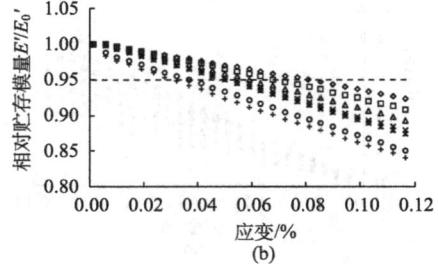

(b)

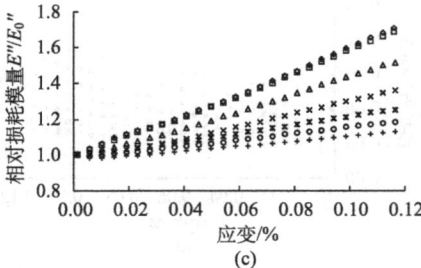

(c)

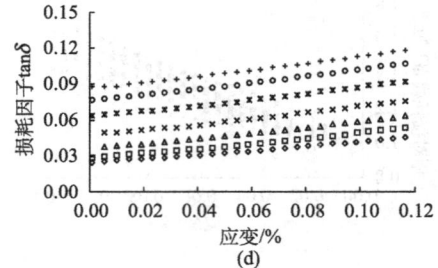

(d)

E:19.4%MC

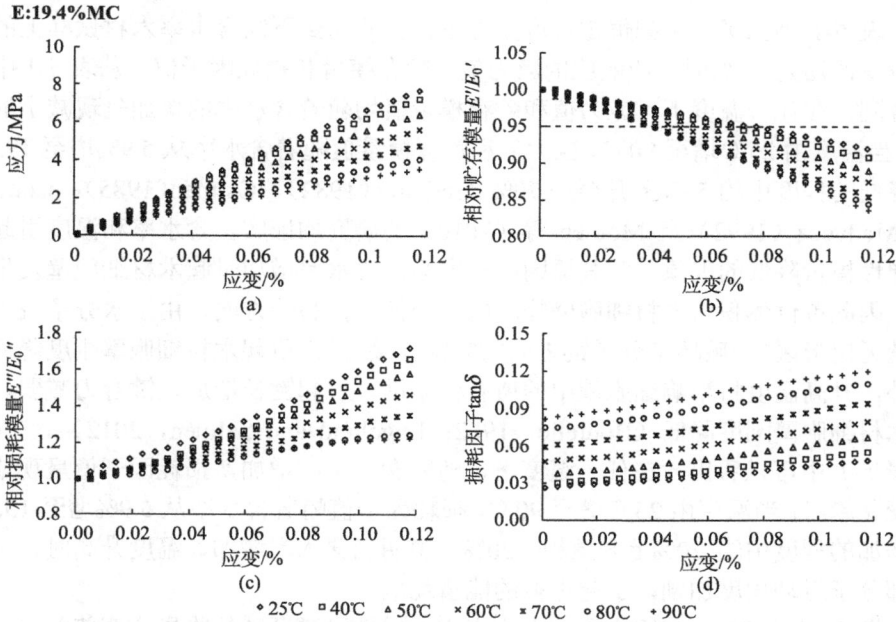

图 5-13　1Hz 时不同含水率木材在 25～90℃内的动态应变扫描曲线

（a）　应力-应变关系曲线；（b）相对贮存模量 E'/E_0'- 应变关系曲线；（c）相对损耗模量 E''/E_0''- 应变关系曲线；（d）损耗因子 tanδ-应变关系曲线；相对贮存模量 E'/E_0'，E' 和 E_0' 分别为任一应变和初始应变（0.0012%）时的贮存模量值；相对损耗模量 E''/E_0''，E'' 和 E_0'' 分别为任一应变和初始应变（0.0012%）时的损耗模量值

　　由系列图 5-13（a）可以看出，在任一温湿度场中，应力与应变呈线性关系，这说明在本实验温湿度范围内所施加的应变水平落在试样应力-应变曲线的线性区域内。总体上说，在相同的应变水平下，应力值随着温度的升高和含水率的增加均呈现出减小的趋势，不同温度之间的应力值差异随着应变水平的增加逐渐增大，随着含水率的增加呈现先增大（0～9.1%MC）后持平（13.4%～19.4%MC）的变化趋势。由系列图 5-13（b）可知，试样在不同温度下的相对贮存模量值均随着应变值的增加而逐渐降低，且其下降的幅度均随着温度的升高和含水率的增加而增大；同时，对于同一含水率木材，不同温度之间的相对贮存模量差异随着应变水平的增加而增大。不同温度水平下，随着应变值的增大，试样的相对损耗模量［系列图 5-13（c）］和损耗因子［系列图 5-13（d）］值均呈现出增大的变化趋势。不同温度之间相对损耗模量值的差异随着应变值与含水率的增加而增大。随着木材含水率的增加，损耗因子值、不同温度之间损耗因子值的差异均呈现先增大（0～9.1%MC）后基本保持不变（13.4%～19.4%MC）的变化趋势，不同温度之间损耗因子值的差异随着应变值的增加基本保持不变。

　　表 5-1 列出了一系列恒定温度条件下，当施加到不同含水率木材试样上的动态应变值均为 0.1%时，所响应的应力值、贮存模量和损耗因子值。从表 5-1 中可以看到，在任一温度下，应力值和贮存模量值均随着含水率的增加呈现减小的趋势，当温度由 25℃增至 90℃，应力值和贮存模量值随着含水率从 5.9%增至 19.4%而降低的程度由约 50%上升至约 70%。Gerhards（1982）、Ostman（1985）、Conners 和 Medvecz（1992）及 Moutee 等（2010）的研究均证实了含水率和温度引起木材弹性模量降低的现象，究其原因：一方面，含水率增加引起木材细胞壁发生湿胀，因此单位体积内木材细胞壁物质的量降低了；另一方面，由于水分子进入细胞壁无定形区中，破坏了分子链之间的氢键连接，进而引起木材细胞壁刚度降低；此外，升高温度将影响细胞壁中的所有化学键，引起键长增加，键合力减弱，造成木材细胞壁刚度降低（Boutelje，1962；Engelund and Salmén，2012）。另外，从表 5-1 中可以看出，在任一温度下，随着含水率的增加，损耗因子值呈现增大的变化趋势；当温度由 25℃增至 90℃，损耗因子值随着含水率从 5.9%增至 19.4%而增加的程度由约 20%上升至约 120%。说明当含水率增加、温度升高时，木材内部分子运动程度加剧，引起更多的能量耗散。

　　图 5-14 为 25 ~ 90℃内不同含水率木材线性黏弹区域的临界应变值随温度变化的情况。在同一含水率条件下，临界应变值随温度升高呈现降低的变化趋势，当木材含水率为 9.1% ~ 19.4%时，在 80℃时的临界应变值明显低于相邻温度的临界应变值。这与木材的力学松弛过程有关。一般认为，发生在 80℃附近的力学松弛过程是由木质素发生湿热软化而引起的（Bag et al.，2011）。在临界应变值明显降低的温度域附近，伴随着力学松弛过程的发生，这说明木材的结构与性能发生了变化。这些变化反映在木材线性黏弹区域上表现为临界应变值减小，即在较小的外力作用下，木材试样就会发生变形，甚至发生不可逆的结构变化。

表 5-1　温湿度场中不同含水率木材试样在动态应变值为 0.1%时的黏弹性参数

温度/℃	含水率/%	应力/MPa	贮存模量/GPa	损耗因子
	5.9	10.23	10.93	0.038
	9.1	7.96	7.89	0.040
25	13.4	7.14	7.02	0.041
	16.5	6.66	6.75	0.042
	19.4	5.63	5.65	0.045
	5.9	10.11	10.62	0.039
	9.1	7.40	7.34	0.050
40	13.4	6.56	6.44	0.049
	16.5	6.15	6.24	0.049
	19.4	5.22	5.24	0.051

续表

温度/℃	含水率/%	应力/MPa	贮存模量/GPa	损耗因子
50	5.9	9.81	10.25	0.042
	9.1	6.63	6.57	0.059
	13.4	5.85	5.74	0.059
	16.5	5.48	5.55	0.060
	19.4	4.54	4.56	0.062
60	5.9	9.43	9.85	0.044
	9.1	5.81	5.76	0.071
	13.4	5.13	5.04	0.072
	16.5	4.70	4.76	0.072
	19.4	3.85	3.86	0.074
70	5.9	9.02	9.46	0.047
	9.1	4.91	4.87	0.083
	13.4	4.48	4.40	0.089
	16.5	3.91	3.96	0.087
	19.4	3.16	3.17	0.089
80	5.9	8.62	9.05	0.050
	9.1	4.09	4.05	0.097
	13.4	3.87	3.80	0.108
	16.5	3.29	3.33	0.102
	19.4	2.51	2.52	0.105
90	5.9	8.29	8.69	0.052
	9.1	3.34	3.31	0.111
	13.4	3.31	3.25	0.112
	16.5	2.86	2.90	0.113
	19.4	2.09	2.10	0.115

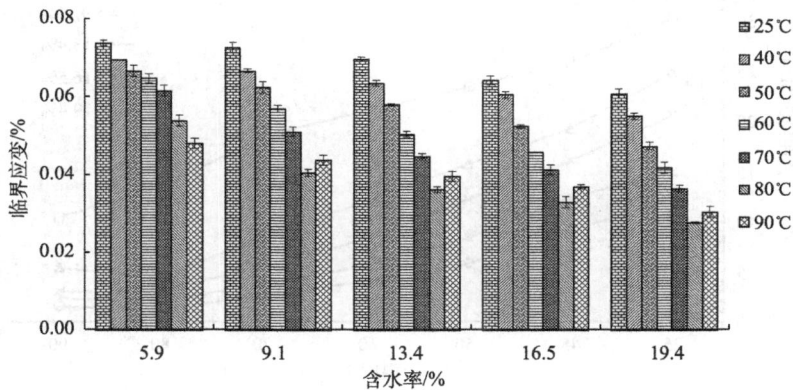

图 5-14　温湿度场中 1Hz 时不同含水率木材的临界应变值

　　此外，从图 5-14 中可以看到，在任一恒定温度条件下，临界应变值随着含水率的增加呈现降低的变化趋势。在 25℃、40℃、50℃、60℃、70℃、80℃和 90℃时，当试样含水率由 5.9%增加至 19.4%，临界应变值的降低幅度分别为 0.013%、0.015%、0.019%、0.023%、0.025%、0.026%和 0.018%。临界应变值随含水率的变化情况主要取决于木材细胞壁分子链之间氢键的破坏、运动和重新联结（Grossman，1976；Engelund and Svensson，2011）：在全干木材的细胞壁无定形区中，同一纤维素分子链的伯醇羟基之间及相邻纤维素分子链的伯醇羟基之间彼此以氢键相连而饱和，在吸湿的初期阶段，由于水分子的进入，木材中的一部分氢键连接被切断，使部分伯醇羟基得以释放，从而进行回转取向运动，含水率为 5.9%的木材试样的临界应变值较全干材试样的临界应变值降低了 28.2% ～ 32.6%（全干材的临界应变值参见"5.3 全干材的线性黏弹区域"），随着含水率的增加，木材内逐渐形成单分子层的吸着水分子，进一步切断木材实质之间的氢键连接，伯醇羟基与吸着水分子复合基团的尺寸增大，表现为水分对木材的塑化作用增强，含水率为 9.1%的木材试样的临界应变值较含水率 5.9%的木材试样的临界应变值减少了 1.6%～9.0%；随着木材含水率的进一步增大，吸着水分子的回转取向运动逐渐占据主导地位，吸着水分子的存在增加了木材细胞壁化学成分之间的黏着力，表现为木材的线性黏弹区域随着含水率的增加逐渐降低，当含水率达 19.4%时，其临界应变值较含水率为 5.9% 的木材试样的临界应变值降低了17.6%～36.9%。

5.4.2　不同含水率木材的弹性势能与屈服应力

　　临界应变值的大小可以用来表征材料线性黏弹区域的宽窄，而与临界应变值

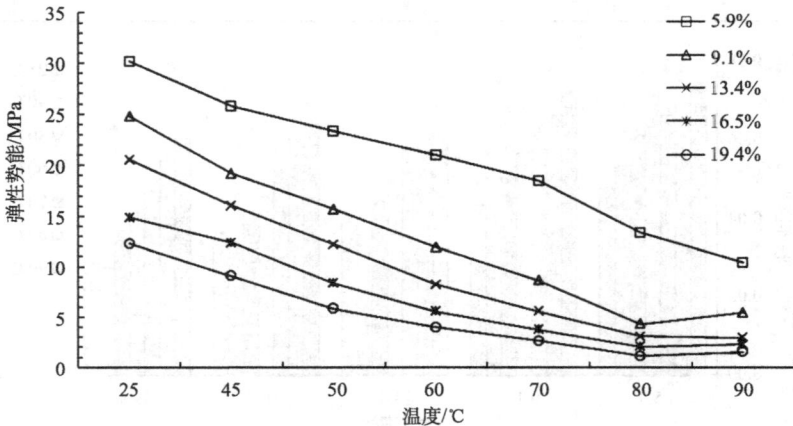

图 5-15　温湿度场中不同含水率木材的弹性势能

有关的弹性势能和屈服应力 2 个参数则可以用来表征材料的力学性能，用于评价材料的使用性能和结构稳定性。材料由于发生弹性形变而具有的势能称为弹性势能，同一弹性材料在一定范围内形变越大，具有的弹性势能就越多。从图 5-15 和图 5-16 可看出，随着温度的升高和木材含水率的增加，木材试样的弹性势能与屈服应力均呈现下降的变化趋势，在 80℃时，由于受临界应变值的影响，弹性势能和屈服应力均出现最小值。说明在湿热耦合作用下，木材的弹性降低而黏性增大，从而引起木材的弹性势能降低，即木材的强度降低、抵抗变形破坏的能力减弱。

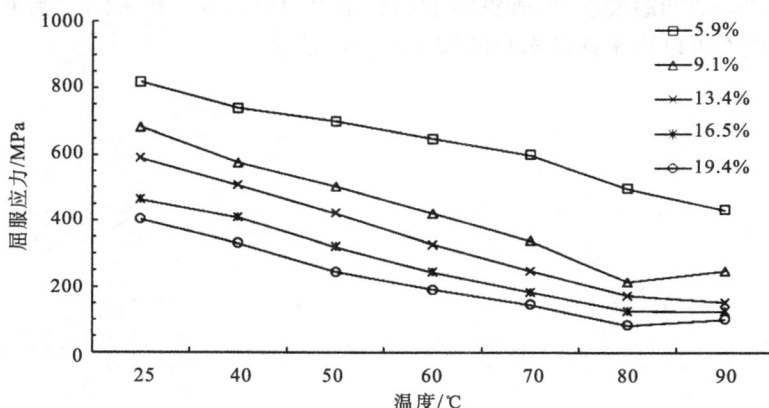

图 5-16　温湿度场中不同含水率木材的屈服应力

5.5　本 章 小 结

本章围绕木材线性黏弹区域的温度与含水率依存性，开展了 2 个方面的研究内容。一方面，针对全干材，在-120~220℃内，研究了木材线性黏弹区域的临界应变值对温度的响应，探讨了临界应变值随测量频率的变化趋势，并根据不同温度下的临界应变值计算出木材的弹性势能和屈服应力；另一方面，针对湿材在温湿度场（温度为 25~90℃，湿度为 33%~93%RH）中，测定了含水率为 5.9%～19.4%的木材试样线性黏弹区域的临界应变值，研究了临界应变值随温度与含水率的变化趋势，并根据临界应变值计算温湿度场中不同含水率木材的弹性势能和屈服应力。主要结论有如下几点。

（1）全干材线性黏弹区域的临界应变值随温度的升高呈现出减小的变化趋势，在-80℃、-20℃、40℃、120℃和 220℃时，临界应变值的降幅增大，这与木材的力学松弛过程有关。由于在相应的温度域内木材发生了松弛转变行为，引起其线性黏弹区域变窄。

（2）湿材线性黏弹区域的临界应变值随温度升高和含水率增加呈现减小的变化趋势。对于含水率为 9.1%~19.4%的木材试样，在 80℃时，临界应变值的降幅增大，这是因为木材中的木质素发生了湿热软化行为，即玻璃化转变过程，引起其线性黏弹区域变窄。

（3）同一温度下，全干材的临界应变值随着测量频率的增加而逐渐减小。

（4）弹性势能和屈服应力均随温度的升高和含水率的增加而下降，在临界应变值急剧降低的温度水平，弹性势能和屈服应力也出现了相应的急剧下降现象。这两个参数均可以用来评价木材的加工和使用性能。

第6章 木材动态黏弹性的各向异性

6.1 引　　言

　　木材是一种具有复杂细胞构造的材料，从构造上一般分为轴向和横向，其中横向又包括径向和弦向，共同构成了木材的 3 个主方向。管胞是杉木木材的主要构成细胞，长度方向沿着木材的轴向，晚材管胞的厚度大于早材管胞的厚度，木射线是杉木中唯一的横向细胞，长度短、胞壁薄。基于细胞类型的多样性及细胞排列的方向性，木材的物理力学性质常常表现出各向异性的特点，研究木材的动态黏弹性时，同样不能忽视其在 3 个主方向上的差异。

　　此外，木材在实际应用中往往受到不同类型载荷的作用，从载荷随时间的变化情况可分为动态载荷（载荷的大小和方向均随时间而变化）和静态载荷（载荷的大小和方向均随时间保持恒定）；从形变模式上可分为弯曲载荷、拉伸载荷和压缩载荷等，其中弯曲载荷又可再细分为单悬臂梁弯曲载荷、双悬臂梁弯曲载荷和三点弯曲载荷等。木材受到外界载荷作用类型的多样性和木材自身构造的复杂性决定了木材动态黏弹性表现形式的复杂性。Backman 和 Lindberg（2001）在三点弯曲和拉伸形变模式下测定了木材径向和弦向的动态黏弹行为，研究表明，采用三点弯曲形变模式测定得到的贮存模量 E' 和损耗模量 E'' 温度谱比采用拉伸形变模式测定得到的温度谱波动性大；采用拉伸形变模式在 20℃ 和 50℃ 温度附近可以观察到 2 个力学松弛过程，但在三点弯曲形变模式的测定中只能观察到 10℃ 附近的 1 个力学松弛过程，由此说明木材动态黏弹性的表现在一定程度上还依赖于载荷作用类型的选择。

　　为了弄清楚在木材自身构造的复杂性和外界载荷作用类型的多样性条件下，木材动态黏弹性的表现形式，本章在拉伸和单悬臂梁弯曲 2 种形变模式下，测定了木材轴向试样、径向试样和弦向试样的贮存模量 E'、损耗模量 E'' 和损耗因子 tanδ，讨论了木材动态黏弹性的表现在不同形变模式和载荷作用方向上的异同。

6.2　材料与方法

6.2.1　试样制备

　　实验材料为人工林杉木（*Cunninghamia lanceolata*）的心材。生材含水率为

70%～85%，平均基本密度为 0.27g/cm³。在心材部位相同的年轮区域内取材，制成如图 6-1 所示的无疵轴向试样、径向试样和弦向试样。在动态黏弹性测试中，同一条件下的试样数为 3 个，最后取其平均值绘制出实验曲线。

用于拉伸测试的轴向试样尺寸为 35mm(L)×6mm(R)×1.5mm(T)，径向试样尺寸为 35mm (R)×6mm (L)×1.5mm(T)，弦向试样尺寸为 35mm (T)×6mm (L)×1.5mm (R)。

用于单悬臂梁弯曲测试的轴向试样尺寸为 35mm(L)×12mm(R)×2.5mm(T)，径向试样尺寸为 35mm(R)×12mm(L)×2.5mm(T)，弦向试样尺寸为 35mm(T)×12mm(L)×2.5mm (R)。

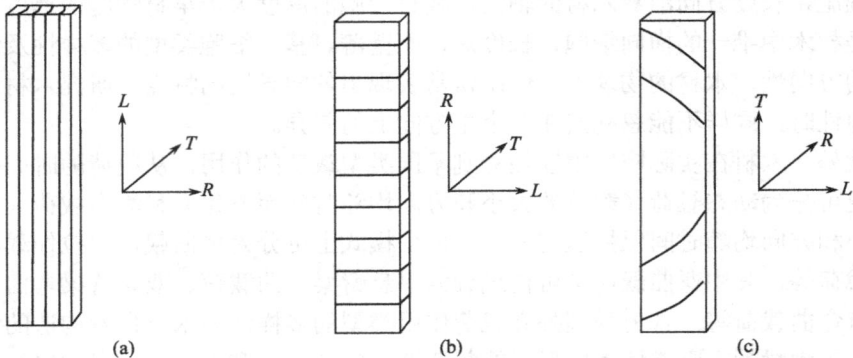

图 6-1　本研究采用的 3 种试样示意图
（a）轴向试样；（b）径向试样；（c）弦向试样

6.2.2　试样含水率的调整

采用饱和盐溶液调湿法。在室温（18～22℃）条件下，用氯化镁（$MgCl_2$）饱和盐溶液在干燥器中调制一个相对湿度为 33% 的内环境，将木材试样放入该湿度环境中进行含水率调整，直至试样达到含水率平衡态，试样含水率约为 5.9%。

6.2.3　动态黏弹性能温度谱测定

采用 DMA（dynamic mechanical analysis）动态力学分析仪（美国 TA 公司）对木材的贮存模量 E'、损耗模量 E'' 和损耗因子 $\tan\delta$ 进行测定。温度为-120～40℃，低温环境采用液氮制冷。升温速度是 2℃/min，测量频率为 1Hz。采用单悬臂梁弯曲形变模式和拉伸形变模式，如图 6-2 所示。单悬臂梁跨度 17.65mm，拉伸形变模式中上下夹头之间的试样长度为 18mm，夹具的上紧力矩为 80N·cm。在黏弹性测定前，通过动态应变扫描实验来选择线性黏弹区域相近的木材试样，并根据临界应变值来确定施加到试样上的应变量/振幅值。本实验的动态载荷振幅为15μm。由于拉伸形变模式属于张力型的形变模式，在动态黏弹性测定过程中为了防止试样发生扭曲，需要在测定前给试样施加一个静载荷（预张力）（preload force），并设定一个恒定应变值（force track），以保证试样在测定过程中始终保持张紧的状态，本实验设定的静载荷值为 0.01N，恒定应变值为 125%。轴向试样、径向试样和弦向试样的受力方向分别是沿轴向、径向或弦向方向拉伸（或弯曲）。

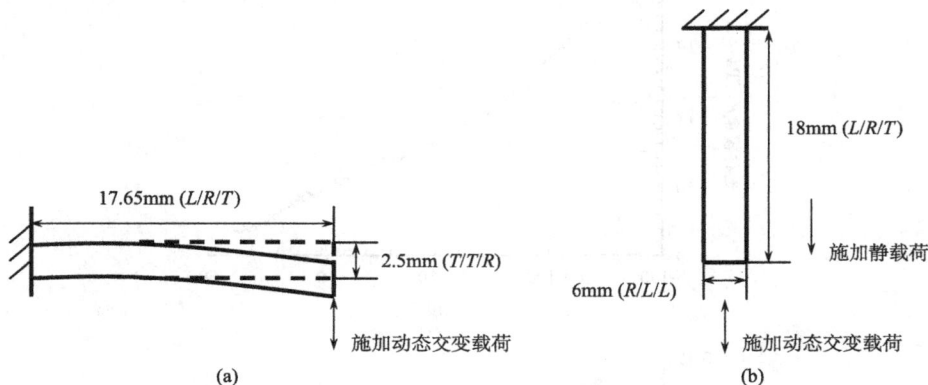

图 6-2　单悬臂梁弯曲（a）和拉伸（b）形变示意图

6.3　木材贮存模量的各向异性

图 6-3 为拉伸模式下木材轴向试样和横向试样的贮存模量 E'温度谱。从中可以看出，任一试样的贮存模量 E'值均随着温度升高呈现出逐渐减小的变化趋势，但不同试样的贮存模量值之间存在明显差异：木材轴向试样的贮存模量 E'值明显高于横向试样的贮存模量 E'值，其中，径向试样的贮存模量 E'值比弦向试样的贮存模量 E'值高约 60%。这与前人的研究结论是一致的（Furuta et al.，1997；Obataya et al.，2000；Backman and Lindberg，2001；Mano，2002）。木材中大多数细胞沿轴向排列是使得轴向试样的贮存模量 E'值大于横向试样贮存模量 E'值的主要原因。木材径向试样的贮存模量 E'值比弦向试样高，其原因可以归纳为：首先，在木材的径向上，早材与晚材是串联排列的，由于晚材密度高于早材密度，因此晚材具有较高的模量值，而横向排列的木射线细胞沿着径向也起到增强结构的作用，所以木材径向试样的模量往往比弦向试样的高（Futo，1969；Jernqvist and Thuvander，2001）；其次，可将具有一定弯曲弧度的晚材视为刚性层，低密度的早材被夹持在高密度的晚材之间，形成中间层薄弱、内外两层坚硬的三层夹心结

构，这种结构在沿弦向受力时容易发生变形，使得弦向试样的模量较低（Backman and Lindberg，2001）；再次，杉木管胞上的纹孔主要分布在径面壁，因此径面壁上纹孔周围的微纤丝在长度方向上被扭曲，有利于提高径面壁的横向刚度（Mark，1967）；最后，沿木材径向规则排列的多边形管胞结构会提供给木材径向较高的刚度（Boutelje，1962；Astley et al.，1998；Watanabe，1998；Kifetew，1999）。

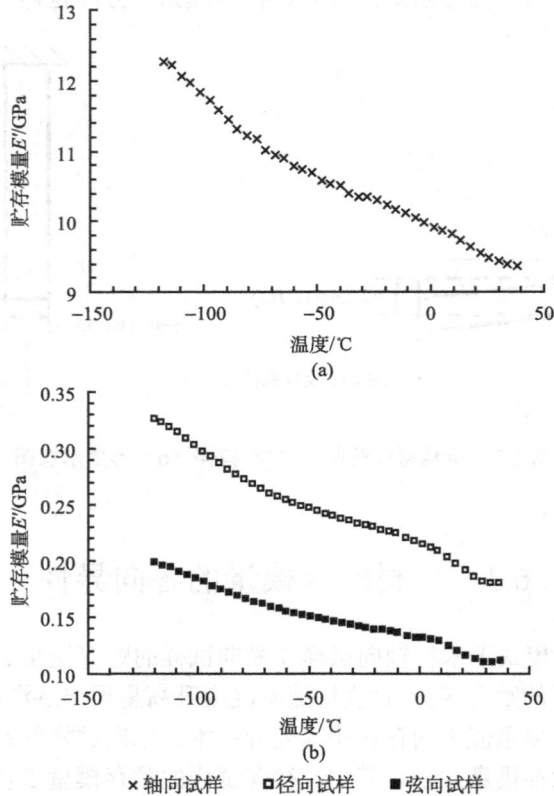

图 6-3　拉伸模式下轴向（a）、径向和弦向试样（b）的贮存模量 E' 温度谱

图 6-4 对拉伸和弯曲形变模式下木材轴向试样、径向试样和弦向试样的贮存模量 E' 进行了比较。在拉伸形变模式下木材的贮存模量 E' 值明显高于弯曲形变模式下的贮存模量 E' 值，这说明木材抵抗拉伸变形的能力要高于抵抗弯曲变形的能力。在拉伸和弯曲形变模式下，与径向试样和弦向试样相比，轴向试样的贮存模量差异最为显著 [图 6-4（a）]：拉伸 E' 值约为弯曲 E' 值的 2 倍。这是由于木材细胞壁次生壁 S_2 层微纤丝的排列方向近似与细胞轴平行，使得沿木材轴向的拉伸强度很高所致。

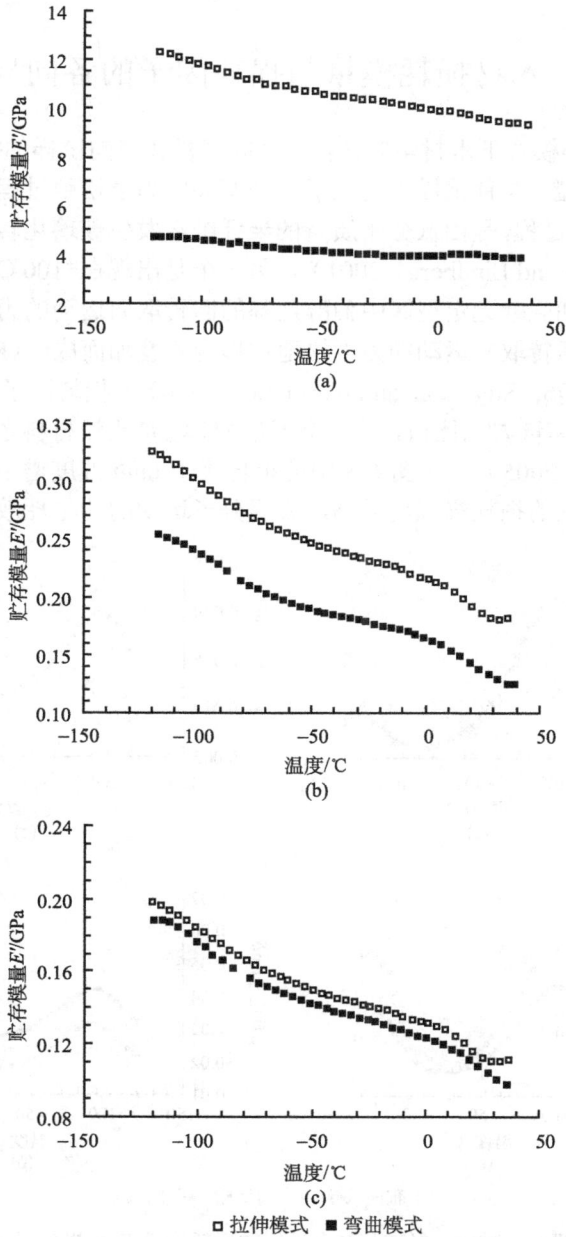

图 6-4　木材轴向（a）、径向（b）和弦向试样（c）在 2 种模式下贮存模量 E' 温度谱的比较

6.4　木材损耗模量与损耗因子的各向异性

图 6-5 为拉伸模式下木材轴向试样、径向试样和弦向试样的损耗模量 E'' 和损耗因子 tanδ 温度谱。3 种试样均出现了 2 个明显的力学松弛过程：一个是出现在 0℃以上的 α 松弛过程，是由低分子质量的半纤维素发生玻璃化转变引起的力学松弛过程（Backman and Lindberg，2001），另一个是出现在-100℃附近的 β 松弛过程，是基于木材细胞壁无定型区中伯醇羟基的回转取向运动的力学松弛过程与木材中吸着水分子回转取向运动的力学松弛过程两者叠加而成的（Kelly et al.，1987；Obataya et al.，1996；Sugiyama and Norimoto，1996）。损耗因子 tanδ 是材料的损耗模量 E'' 与贮存模量 E' 的比值，是一个无量纲。它是比较材料之间阻尼性能的最佳参数（Tajvidi，2005）。从图 6-5 中的损耗因子 tanδ 温度谱中可以看出，弦向试样力学松弛过程的损耗峰强度最高，表明分子运动的能量耗散最大。

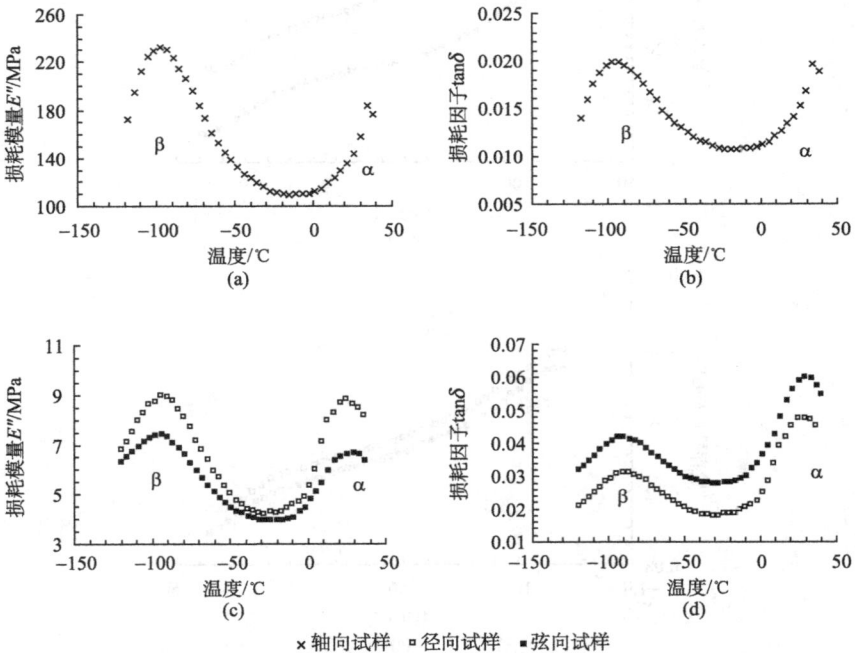

图 6-5　拉伸模式下轴向、径向和弦向试样的损耗模量 E'' 和损耗因子 tanδ 温度谱

轴向试样、径向试样和弦向试样力学松弛过程的损耗峰温度存在差异。表 6-1 为 3 种试样在损耗模量 E'' 和损耗因子 tanδ 温度谱中 α 和 β 松弛过程的损耗峰温度。

在拉伸模式下，对于 α 松弛过程，木材轴向试样的力学损耗峰温度高于木材横向试样的力学损耗峰温度；对于 β 松弛过程，情况则相反。木材轴向试样的刚度高，但 β 松弛过程的损耗峰温度却低于刚度低的木材横向试样的损耗峰温度，这与许多高聚物复合材料的情况是相反的。通常情况下，刚度高的材料，其阻尼性能往往较低，即力学松弛过程的损耗峰温度较高。径向试样 2 个松弛过程的损耗峰温度均低于弦向试样的力学损耗峰温度。对这一现象的解释为：当木材受到外力作用时，晚材在弦向的应变量要大于径向上的应变量，而早材在径向上的应变量则较大；当在拉伸模式下测定弦向试样的动态黏弹性时，得到的刚度与阻尼数据大多来源于晚材部分；当测定径向试样时，得到的大部分刚度与阻尼数据则来自于早材部分；而早材密度往往低于晚材密度（Backman and Lindberg，2001）。因此，径向试样的损耗峰温度低于弦向试样的损耗峰温度。

表 6-1　拉伸和弯曲模式下木材轴向、径向和弦向试样力学松弛过程的损耗峰温度

形变模式	α 松弛/ ℃			β 松弛/ ℃		
	轴向	径向	弦向	轴向	径向	弦向
拉伸	34.1 (36.1)	25.1 (26.2)	27.9 (30.7)	−95.3 (−93.2)	−94.3 (−90.4)	−92.7 (−87.1)
单悬臂梁弯曲	2.6 (2.6)	28.0 (30.3)	29.9 (36.1)	−97.1 (−95.8)	−100.3 (−93.0)	−93.7 (−90.7)

注：括号外的损耗峰温度取自损耗模量温度谱，括号内的损耗峰温度取自损耗因子温度谱

图 6-6 对拉伸和弯曲模式下木材轴向试样、径向试样和弦向试样的损耗模量 E'' 与损耗因子 tanδ 进行了比较。从中可以看出，对于任一试样，一般地，拉伸模式下测定的损耗因子 tanδ 值低于弯曲模式下测定的 tanδ 值。tanδ 值较低表明木材分子运动的能量耗散少，即阻尼低。由此可以看出，在相同的温度条件下，木材受到拉伸作用时其分子运动的程度较低。然而，在 2 种形变模式作用下，3 种试样均出现了 2 个力学松弛过程，松弛过程的损耗峰形状颇为相似，但力学损耗峰温度存在明显差异（表 6-1）。此外，对于 α 松弛过程，在弯曲模式下测得的轴向试样损耗峰温度明显低于径向试样和弦向试样的损耗峰温度，发生这种现象的原因有待进一步探讨。

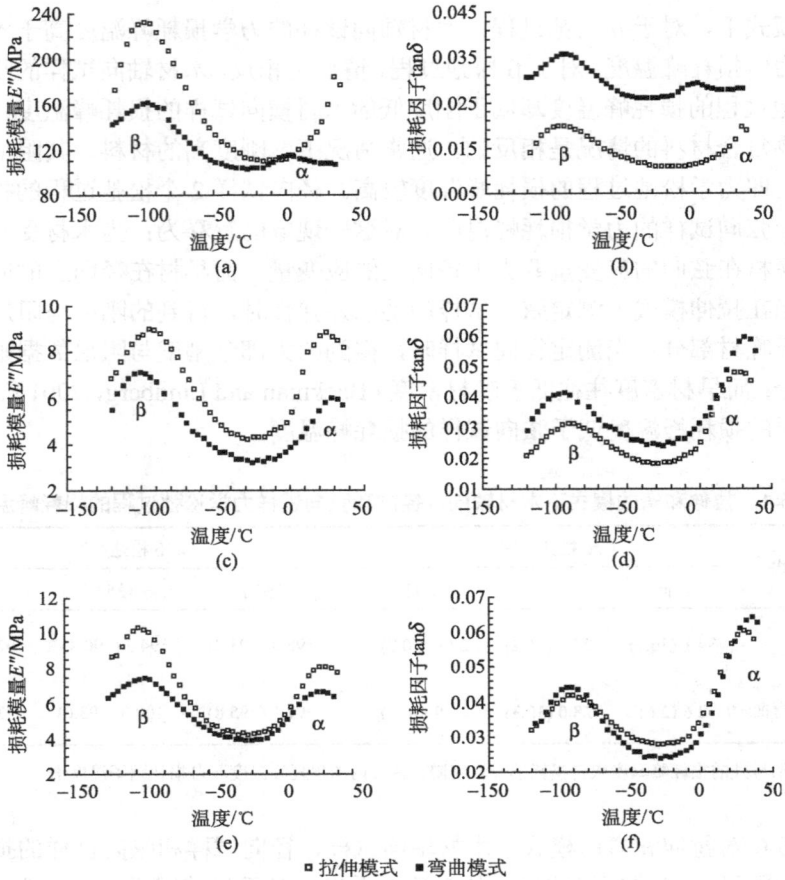

图 6-6　木材轴向（a、b）、径向（c、d）和弦向试样（e、f）在 2 种模式下损耗模量 E''、损耗因子 tanδ 温度谱的比较

6.5　本章小结

　　本章采用拉伸和单悬臂梁弯曲 2 种形变模式，在-120~40℃研究了木材轴向试样、径向试样和弦向试样的动态黏弹性，讨论了木材动态黏弹性的各向异性行为。主要结论有如下几点。

　　（1）木材轴向试样的贮存模量值显著高于木材横向试样的贮存模量值，其中，弦向试样的贮存模量值最低。木材轴向试样、径向试样和弦向试样均出现 α 和 β 两个力学松弛过程：对于 α 松弛过程，轴向试样的损耗峰温度高于横向试样的损耗峰温度，其中，径向试样的损耗峰温度最低；对于 β 松弛过程，轴向试样的损耗峰温度低于横向试样的损耗峰温度，木材轴向试样的刚度高，但松弛过程的损耗峰温度却低于刚度较低的木材横向的损耗峰温度，这与许多高聚物复合材料的情况是相反的。

（2）木材的黏弹行为依赖于形变模式的选择。与弯曲形变模式相比，木材在拉伸形变模式下表现出较高的动态刚度和较低的阻尼。在 2 种形变模式下，轴向试样的贮存模量值差异极为显著；木材力学松弛过程的损耗峰温度也存在明显差异。

第7章　木材动态黏弹性能温度谱

7.1　引　　言

温度是影响木材物理力学性质的主要因素之一。在匀速升温过程中，木材不断地从周围环境中获取热量，势必引起木材分子热运动的能量增加，在宏观上表现为木材力学状态和松弛转变行为的变化。木材的细胞结构和化学成分具有多重性的特点，决定了木材的松弛转变行为也具有多重性，在不同的温度下会出现一系列的力学松弛过程。此外，木材的力学松弛过程对水分有强烈的依赖性。

在本章中，首先，针对全干材，测定了其在-120～250℃内的动态黏弹性能，研究了不同干燥处理历程对木材动态黏弹行为的影响；其次，围绕湿材，一方面，在-120～40℃内考察木材动态黏弹性的含水率依存性；另一方面，研究湿热耦合（温度为 25 ～ 90℃；湿度为 33%~95%RH）作用下不同含水率木材的黏弹性质，探讨了温度和含水率对木材结构与性能产生的影响，并对力学松弛过程的机制进行了讨论。

7.2　材料与方法

7.2.1　试样制备

试样制备同 5.2.1。

7.2.2　全干材的制备

通过以下途径制备 3 种全干材：① 115℃处理材：在恒温干燥箱内进行处理，温度为 115℃，时间为 8h；② 65℃处理材：在恒温干燥箱内进行干燥，温度为 65℃，时间为 20h；③ 真空冷冻处理材：首先将试样置于-29℃的低温冰箱中预冻 24h，取出后放入真空冷冻干燥机（FTS systems）中，冷凝温度为-49℃，升华发生时的真空度为 16.5Pa，处理时间为 24h。3 种处理材均达到全干状态。将试样装入塑料封口袋中，置于装有硅胶干燥剂的干燥器中保存待用。

7.2.3　试样含水率的调整

在室温（18 ～ 22℃）条件下，采用饱和盐溶液调湿法，利用五氧化二磷（P_2O_5）、氯化镁（MgCl$_2$）、溴化钠（NaBr）、氯化钠（NaCl）、氯化钾（KCl）、硝酸钾（KNO$_3$）和蒸馏水（H$_2$O）调制 7 个恒温恒湿环境，相对湿度分别为 0、33%、58%、76%、86%、93%和 100%，将试样置于不同的恒温恒湿环境中进行吸湿或解吸，当试样在 24h 内的质量变化小于 0.1%时，可认为该试样达到含水率平衡态。经实验测定，试样在 0、33%、58%、76%、86%、93%和 100%相对湿度环境中达到的平衡含水率分别约为 0、5.9%、9.1%、13.4%、16.5%、19.4%和 23.9%。

7.2.4　动态黏弹性能温度谱测定

　　采用 DMA（dynamic mechanical analysis）动态力学分析仪（美国 TA 公司）对木材的贮存模量 E'、损耗模量 E'' 和损耗因子 tanδ 进行测定。对于全干材试样，DMA 测试炉体内通入干空气（由 DMA 的配套空气过滤装置提供），保证测试的环境湿度接近 0，温度为-120～250℃，升温速率为 2℃/min。对于湿材试样：① 在-120～40℃，DMA 测试炉体内用液氮制冷控制温度，炉体内充满氮气，可以认为这一过程木材与周围环境发生水分吸着或解吸的程度很小，升温速率为 2℃/min。② 在 25~90℃，DMA 测试炉体内通入高纯度氮气和水蒸气的混合气体，通过 DMA 的配套湿度附件装置自动调整高纯氮气和水蒸气的比例来提供测试时炉体内所需的环境相对湿度，湿度为 33%～95%，升温速率为 1℃/min。对于全干材和湿材试样，测定频率均为 0.5Hz、1Hz、2Hz、5Hz 和 10Hz。采用单悬臂梁弯曲形变模式，跨距为 17.65mm，夹具的上紧力矩为 80N·cm。在黏弹性测定前，通过动态应变扫描实验来选择线性黏弹区域相近的木材试样，并根据临界应变值来确定施加到试样上的应变量/振幅值。本实验的动态载荷振幅为 15μm。木材试样径面受夹持并沿弦向弯曲，如图 5-2 所示。

7.3　全干材的动态黏弹性能温度谱

7.3.1　贮存模量温度谱

　　图 7-1 为 4 个测量频率下 3 种全干材的贮存模量 E'温度谱。从图 7-1 中可以观察到，全干材的贮存模量随着温度的升高呈减小的趋势，这是因为在低温条件下木材分子运动的能量很低，在外力的作用下，只有一些小尺寸单元，如侧基、支链、主链或支链上的各种官能团及个别链节能运动，因此贮存模量值大；随着温度的升高，木材分子热运动能量逐渐增加，链段或链段的某一部分开始逐渐运动，因此贮存模量值减小（何曼君等，2000）。在室温（20℃）以下，115℃处理材的贮存模量比 65℃处理材的贮存模量高；在室温以上，115℃处理材与 65℃处理材的贮存模量很接近。在整个测量温度范围内，真空冷冻处理材的贮存模量低

于另外两种处理材的贮存模量。究其原因，推测是由于 115℃处理过程中，木材内部发生了结晶化或交联化反应（Hirai et al.，1972），使得 115℃处理材的刚度较高，贮存模量较大；而在真空冷冻处理过程中，首先是木材中的水形成冰晶，发生体积膨胀，冰晶升华时，细胞壁易发生皱缩，甚至引起木材细胞壁破坏（Choong et al.，1973；Erickson et al.，1966a，1966b），Lu 也曾通过扫描电子显微镜观察到经真空冷冻处理的木材细胞壁出现裂缝（Lu et al.，2005），因此真空冷冻处理材的刚度较低，贮存模量较小。

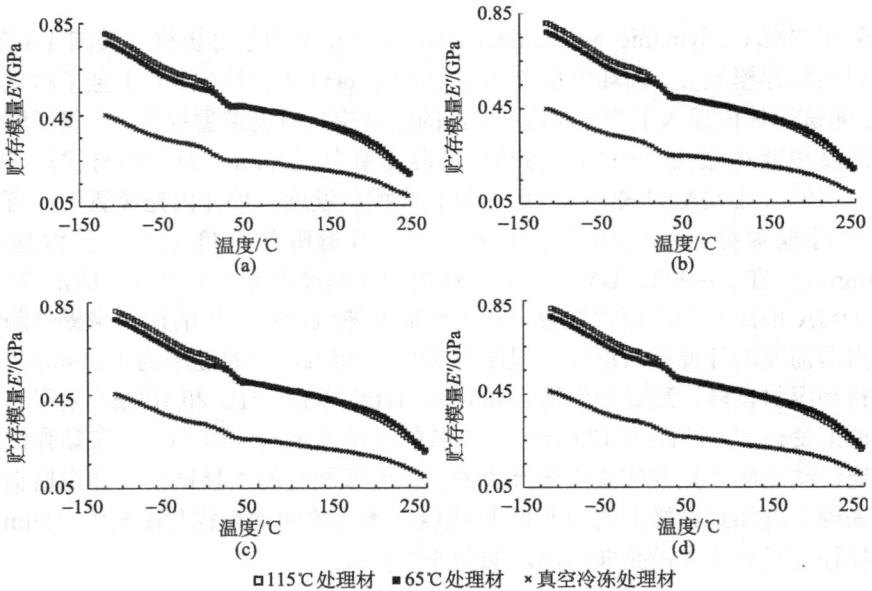

□115℃处理材　■65℃处理材　×真空冷冻处理材

图 7-1　3 种全干材的贮存模量温度谱

（a）1Hz；（b）2Hz；（c）5Hz；（d）10Hz

表 7-1 列出了 4 个测量频率下全干材在 20℃时的贮存模量值。从表 7-1 中可以看到，在该温度下，115℃处理材和 65℃处理材的贮存模量非常接近，真空冷冻处理材的贮存模量很低，仅约为其他两种全干材贮存模量的一半。这说明分别经 115℃和 65℃处理的木材在室温下的刚度相差不大；但经真空冷冻处理的木材刚度较低。比较不同测量频率下 3 种全干材的贮存模量还可发现频率对木材贮存模量的影响很小，随着测量频率的增大，木材的贮存模量只是略有增加。

表 7-1　3 种全干材的贮存模量（20℃）

试样	贮存模量/GPa			
	1Hz	2Hz	5Hz	10Hz
115℃处理材	0.54	0.54	0.55	0.56
65℃处理材	0.52	0.53	0.54	0.55
真空冷冻处理材	0.26	0.27	0.27	0.28

7.3.2　损耗模量温度谱

图 7-2 为 4 个测量频率下 3 种全干材的损耗模量 E'' 温度谱。从图 7-2 中可以观察到，115℃处理材的损耗模量最大，真空冷冻处理材的损耗模量最小。115℃处理材和 65℃处理材在测量温度范围内均出现了 3 个力学松弛过程，一个是出现在 230℃附近的力学松弛过程（α），一般认为全干状态下木质素的玻璃化转变温度为 130～205℃，半纤维素的玻璃化转变温度为 200～250℃，非结晶纤维素的热软化点为 200～250℃（Back and Salmén，1982）；纤维素结晶区发生热降解和破坏的温度为 250～400℃（Chow and Pickeles，1971），因此可以认为 α 松弛过程是由木材细胞壁非结晶区中的聚合物发生热软化，聚合物分子在热作用下的微布朗运动引起的（Sugiyama et al.，1996；1998）。另一个是出现在 30℃附近的力学松弛过程（γ），一些文献中提出了与该松弛过程相似的研究报道，Mano（2002）认为发生在 50℃附近的力学松弛过程是由木材中某一化学成分发生了近似玻璃化转变引起的，但没有对该化学成分进行确定；Nakano 等（1990）认为发生在 10℃附近的力学松弛过程与木材的化学成分和水分有关；Backman 和 Lindberg（2001）在-7～34℃内观察到一个力学松弛过程，他认为这是由木材低分子量部分的半纤维素发生玻璃化转变引起的。由此可见，关于该力学松弛过程的分子运动归属还没有最终明确。根据 Obataya 等的研究结果，本实验中出现在-70℃附近的力学松弛过程（δ）是由木材细胞壁无定形区中伯醇羟基的回转取向运动引起的（Kelly et al.，1987）。从真空冷冻处理材的损耗模量温度谱中可以观察到 4 个力学松弛过程，新增加的松弛过程（β）出现在 120℃附近，是由木质素分子的微布朗运动引起的（Furuta et al.，2000；Obataya et al.，2003）。115℃处理材和 65℃处理材的损耗模量温度谱中没有出现该力学松弛过程，可以推测，经 115℃或 65℃处理的木材由于受到热的作用，木材细胞壁分子链之间可能发生了一定程度的交联，进而限制了木质素分子的微布朗运动。

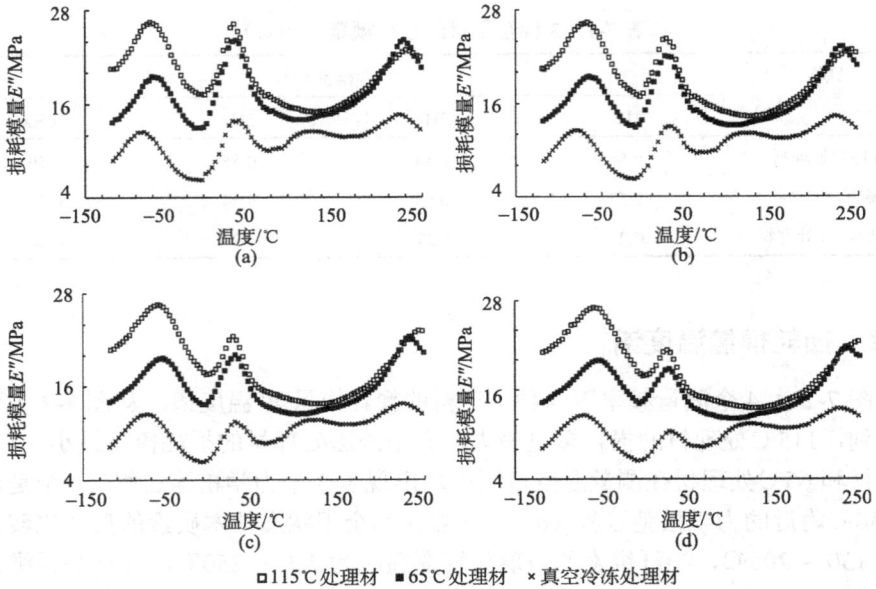

□115℃处理材　■65℃处理材　×真空冷冻处理材

图 7-2　3 种全干材的损耗模量温度谱

（a）1Hz；（b）2Hz；（c）5Hz；（d）10Hz

表 7-2 比较了不同测量频率下 3 种全干材在 20℃时的损耗模量，可以发现测量频率对木材的损耗模量有影响，随着测量频率的增大，木材的损耗模量降低。

表 7-2　3 种全干材的损耗模量（20℃）

试样	损耗模量/MPa			
	1Hz	2Hz	5Hz	10Hz
115℃处理材	24.14	22.80	20.90	20.12
65℃处理材	23.11	21.10	18.97	17.89
真空冷冻处理材	13.21	11.98	10.34	9.49

7.3.3　力学损耗峰温度

表 7-3 列出了 4 个测量频率下 3 种全干材的力学损耗峰温度。从表 7-3 中可以看到，对于 α 力学松弛过程，115℃处理材的损耗峰温度最高，65℃处理材的次之，真空冷冻处理材的损耗峰温度最低。根据 Hirai 等（1972）和 Kubojima 等（1998）的研究结果，木材在 100～200℃条件下进行热处理，纤维素的结晶度在热处理的初期阶段会有所增加。在本研究中，推测经 115℃处理 8h，木材内部可能发生了

结晶化或交联反应，从而使得 115℃处理材 α 力学松弛过程的损耗峰温度较高。对于 γ 力学松弛过程，3 种全干材的损耗峰温度比较接近，力学损耗峰温度之间的差异没有明显的规律性。对于 δ 力学松弛过程，115℃处理材与 65℃处理材的力学损耗峰温度很接近，均高于真空冷冻处理材的力学损耗峰温度。从频率对 3 种全干材力学损耗峰温度的影响方面看，对于 α、β 和 δ 3 个力学松弛过程，一般地，木材的力学损耗峰温度均随着测量频率的增加向高温方向移动，呈现较明显的规律性；而对于 γ 力学松弛过程，3 种全干材的力学损耗峰温度均不随着测量频率的改变而发生规律性的变化，因此可以认为该力学松弛过程为需要能量较小的次级松弛，其分子运动归属可能为木材细胞壁聚合物分子的扭转振动（Sugiyama et al.，1998）。

表 7-3　3 种全干材的力学损耗峰温度（℃）

试样	1Hz				2Hz				5Hz				10Hz			
	α	β	γ	δ	α	β	γ	δ	α	β	γ	δ	α	β	γ	δ
115℃处理材	231.5	/	26.9	-72.7	243.4	/	26.6	-65.8	245.1	/	26.2	-62.5	246.9	/	25.9	-59.2
65℃处理材	229.0	/	29.2	-70.4	232.7	/	24.7	-63.5	233.4	/	28.5	-56.5	232.1	/	28.1	-53.2
真空冷冻处理材	223.2	116.2	33.1	-80.3	222.9	119.6	29.0	-80.7	225.5	122.9	28.7	-73.5	226.3	126.2	28.4	-70.0

注：表中"/"表示在本实验的温度范围内未出现力学损耗峰

7.4　木材动态黏弹性的含水率依存性

7.4.1　单频测定条件下木材的动态黏弹性

为了消除试样自身的差异对实验结果造成的影响，采用相对贮存模量和相对损耗模量来代替贮存模量和损耗模量。其中，相对贮存模量 E'/E_0' 为任一温度下的贮存模量 E' 与实验起始温度（-120℃）下贮存模量 E_0' 的比值；相对损耗模量 E''/E_0'' 为任一温度下的损耗模量 E'' 与-120℃时损耗模量 E_0'' 的比值。

图 7-3 是木材在 33%、76%和 86%相对湿度环境中达到含水率平衡态时的相对贮存模量 E'/E_0' 和相对损耗模量 E''/E_0'' 在 1Hz 测定频率下的温度谱。从 E'/E_0' 温度谱中可以观察到，随着温度的升高相对贮存模量呈减小的趋势。在贮存模量减小的区域，相对损耗模量 E''/E_0'' 温度谱中出现了 2 个力学松弛过程，其一是发生在 20℃附近的 α 力学松弛过程，其二是出现在-100℃附近的 β 力学松弛过程。一些文献中提出了与 α 力学松弛过程相似的研究报道，Mano 在 50℃附近观察到

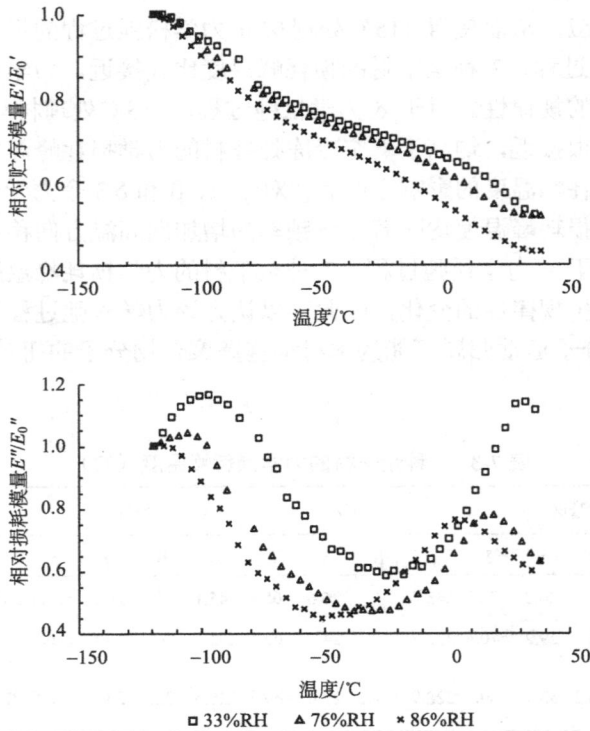

图 7-3　1Hz 测定频率下不同含水率木材的贮存模量和损耗模量在-120～40℃的温度谱

绝干状态木材的一个力学松弛过程，他认为是由木材内部某一成分发生了近似玻璃化转变引起的（Mano，2002），但由于一般认为干燥状态下木质素的热软化点为 130～205℃，半纤维素的热软化点为 150～220℃，纤维素的热软化点为 200～250℃（Back and Salmén，1982），因此，Mano 没有对该成分的分子运动归属进行进一步明确。Nakano 等曾在 10℃附近观察到一个力学松弛过程，他认为该力学松弛过程与木材成分和水分的存在有关（Nakano et al.，1990）；Backman 测定了在 11%和 33%相对湿度环境中达到含水率平衡态时木材的动态黏弹性，在-7～34℃内观察到一个力学松弛过程，他认为该力学松弛过程是由低分子质量部分的半纤维素发生玻璃化转变引起的（Backman and Lindberg，2001）。由此可见，对于 α 力学松弛过程的分子运动归属还没有最终明确。根据 Sugiyama 和 Norimoto（1996）的研究结果，β 力学松弛过程是基于吸着水分子回转取向运动的松弛过程和基于木材细胞壁无定形区中伯醇羟基回转取向运动的松弛过程两者叠加而成的。从 E'/E_0' 和 E''/E_0'' 温度谱中，还可以观察到木材动态黏弹性随水率变化的情况：随着木材含水率的增加，相对贮存模量随温度升高而降低的程度逐渐增大，同一温度下，在 86%相对湿度环境中达含水率平衡态（约 16.5%）的木材贮存模量的降低程度最大，在 33%相对湿度环境中达含水率平衡态（约 5.9%）的木材贮存模量的降低程度最小。力学松弛过程的强度随着含水率的增加而降低：在 33%相对湿度环境中达含水率平衡态的木材，其相对损耗模量值明显高于在 76%和 86%相对湿度环境中达含水率平衡态的木材的相对损耗模量值，这个现象表明水分的存在使得木材内部分子运动的能量损耗减小。此外，力学松弛过程的损耗峰温度随着含水率的增加向低温方向移动，反映了水是木材很好的增塑剂。表 7-4 列出了木材在 33%、76%和 86%相对湿度环境中达到含水率平衡态时 α 和 β 力学松弛过程的损耗峰温度。从表中可以直观地看到木材力学松弛过程的损耗峰温度随着含水率增加而降低的情况。

表 7-4　不同含水率平衡态下木材力学松弛过程的损耗峰温度（℃）

力学松弛	33%RH	76%RH	86%RH
α	32	20	4
β	−100	−105	−118

7.4.2　复频测定条件下木材的动态黏弹性

图 7-4 为木材在 33%、76%和 86%相对湿度环境中达含水率平衡态时的贮存模量 E' 和损耗模量 E'' 在 0.5Hz、1Hz、2Hz、5Hz、10Hz 测定频率下的温度谱。从贮存模量 E' 温度谱中可以观察到，E' 随着测量频率的增加而增大，但不同频率之间贮存模量的差异很小，曲线几乎重合在一起。从损耗模量 E'' 温度谱中可以观察到，随着温度的升高依次出现了 β 和 α 两个力学松弛过程，在低平衡含水率条件下（33%RH）观察不到完整的 α 松弛过程，在高平衡含水率条件下（86%RH）观察不到完整的 β 松弛过程，说明力学松弛过程随着含水率的增加向低温方向移动。在同一平衡含水率条件下，随着测量频率的增加，力学松弛过程的损耗峰温度向高温方向移动；力学损耗峰的强度随着测量频率的增加而降低。表 7-5 列出了在不同相对湿度环境中达含水率平衡态的木材在 0.5～10Hz 测定条件下力学松弛过程的损耗峰温度，以此说明力学损耗峰温度随着含水率和频率的改变而发生变化的情况。从表 7-5 可以看到，在同一测定频率下，随着平衡含水率的增大，木材力学松弛过程的损耗峰温度降低；在相同的平衡含水率条件下，力学松弛过程的损耗峰温度随着测量频率的增加而增大。基于 α 力学松弛过程对水分的强烈依赖性，同时在发生力学松弛过程的温度域内贮存模量有较大幅度的下降，因此推测其不仅仅是与水分子的运动有关，而是一个真正的力学转变过程，木材中的半纤

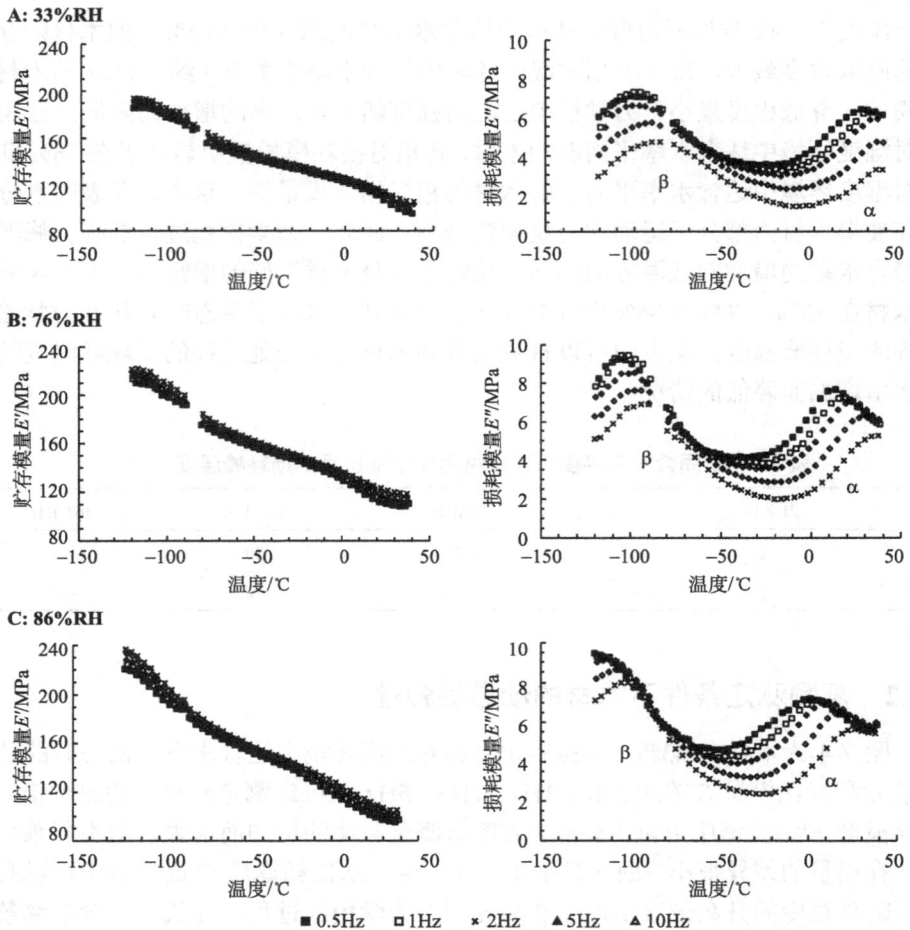

图7-4　0.5~10Hz测定频率下不同含水率木材的贮存模量 E' 和损耗模量 E'' 在–120~40℃的温度谱

维素包含有几种半纤维素糖基，大多数的半纤维素虽然常带有各种短侧链，但主要是线形的，仅由150~200个半纤维素糖基组成。一般低分子质量无定形聚合物的玻璃化转变温度依赖于分子质量，即低分子质量的无定形聚合物具有较低的玻璃化转变温度，从这个角度出发，考虑到如果不同类型的半纤维素具有不同的分子质量，并且彼此独立，则会使得低分子质量的半纤维素具有较低的玻璃化转变温度，同时，低分子质量区域可以吸着更多的水分子，因此力学转变过程受含水率的影响较大，通过以上讨论及结合 Nakano 等（1990）及 Backman 和 Lindberg（2001）的研究结果，作者认为本研究中观察到的 α 力学松弛过程是由低分子质量的半纤维素发生玻璃化转变引起的。

表 7-5　多频测定条件下木材力学松弛过程的损耗峰温度（℃）

	0.5Hz		1Hz		2Hz		5Hz		10Hz	
	α	β	α	β	α	β	α	β	α	β
33%RH	26	−102	32	−100	35	−97	37	−90	39	−86
76%RH	14	−107	20	−105	23	−98	31	−94	38	−90
86%RH	2	<−120	4	−118	12	−111	19	−108	27	−105

7.4.3　木材力学松弛过程的表观活化能

在发生力学松弛过程时，运动单元从一个平衡位置运动到另一个平衡位置的速度用松弛时间 τ 表征，它与运动单元的运动表观活化能、温度与所受应力之间的关系可以表示为式（7-1）（过梅丽，2002）：

$$\tau = \tau_0 \exp\left[(\Delta E - \gamma\sigma)/RT\right] \tag{7-1}$$

式中，ΔE 是运动单元的运动表观活化能；σ 是应力；γ 是比例系数；T 是绝对温度（K）；R 是气体常数；τ_0 为常数。

在动态黏弹性测定中，所选的应力振幅在木材的应力-应变曲线的起始线性段，即 σ 值很低，因此 $\gamma\sigma$ 项可忽略不计。式（7-1）简化为

$$\tau = \tau_0 \exp(\Delta E/RT) \tag{7-2}$$

两边取对数，由 $\tau = 1/\omega$，$\omega = 2\pi f$（其中 f 表示频率，单位为 Hz）得到：

$$\ln f = A1 - \Delta E/RT \tag{7-3}$$

式中，A1 是线性回归方程的截距，表示一个常数。将 $\ln f$ 相对于力学损耗峰对应的绝对温度的倒数 $1/T$ 作图，可发现两者呈较明显的线性关系，如图 7-5 所示，进行线性回归的决定系数均在 0.91 以上，见表 7-6。根据式（7-3），直线的斜率等于 $\Delta E/R$。由于 R 是气体常数，所以可以直接计算得到 ΔE。

通过以上计算，可分别求得不同含水率平衡态木材 α 和 β 力学松弛过程所需的表观活化能，列于表 7-6 中。从表中可以看到，α 力学松弛过程的表观活化能高于 β 力学松弛过程的表观活化能，这与 α 力学松弛过程出现在较高温度域的现象是一致的。α 力学松弛过程的表观活化能随着含水率的增大而减小，说明水分的存在使得木材的黏性增大，低分子质量的半纤维素更容易发生玻璃化转变。对于 β 力学松弛过程，从总体上看，表观活化能也是随着含水率的增大而减小，但在33%和76%相对湿度环境中达含水率平衡态的木材力学松弛过程的表观活化能很接近。β 力学松弛过程的表观活化能与含水率的关系可以从以下方面考虑：一

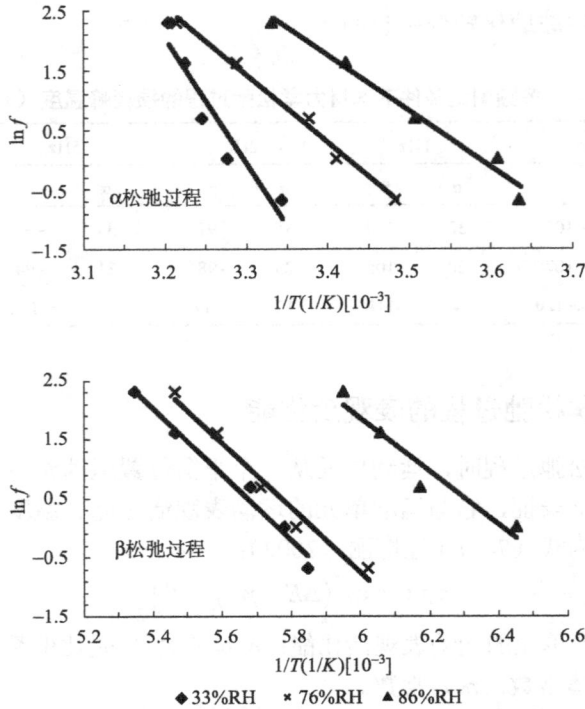

图 7-5 力学松弛过程的损耗峰对应的绝对温度的倒数 $1/T$ 与频率的
对数 $\ln f$ 之间的关系

方面，低含水率木材细胞壁无定形区中的伯醇羟基之间及伯醇羟基与木材实质之间在很大程度上彼此以氢键相连，伯醇羟基发生回转取向运动时需要切断氢键连接的数量较多，因此所需表观活化能高；随着含水率的增加，水分子的进入会切断木材中的一部分氢键连接，使得部分伯醇羟基得以释放进行回转取向运动，因此所需表观活化能减少。另一方面，随着含水率的增加，木材内形成单分子层的吸着水分子，伯醇羟基与吸着水分子复合基团的尺寸增大，会使得发生回转取向运动时需要克服的位垒障碍增加，这就需要更多的能量才能使基团活化得以运动。此外，随着木材含水率的进一步增大，当木材内部形成多分子层吸着水分子时，吸着水分子的回转取向运动将占据主导地位，所需表观活化能降低。因此，β 力学松弛过程的表观活化能随着含水率的增加是增大还是减小，取决于以上几种因素的净效果。

表 7-6　力学松弛过程的表观活化能（ΔE_α，ΔE_β）和线性回归的决定因子（R^2）

相对湿度/%	ΔE_α /(kJ/mol)	R^2_α	ΔE_β/(kJ/mol)	R^2_β
33	175.1	0.91	46.7	0.98
76	94.4	0.99	45.9	0.97
86	78.1	0.98	37.7	0.92

7.5　湿热环境中木材动态黏弹性能温度谱

7.5.1　单频测定条件下的温度谱

图 7-6 是不同含水率木材在湿热耦合环境中的相对贮存模量 E'/E_0' 和相对损耗模量 E''/E_0'' 在 1Hz 测定频率下的温度谱。从 E'/E_0' 温度谱中可以观察到，随着温度的升高，贮存模量呈减小的趋势；随着木材含水率的增加，贮存模量随温度升高而降低的程度逐渐增大。这是因为水分子进入木材细胞壁，切断分子链之间的氢键连接，引起木材刚度降低、黏滞性增加；升高温度会影响细胞壁中的所有化

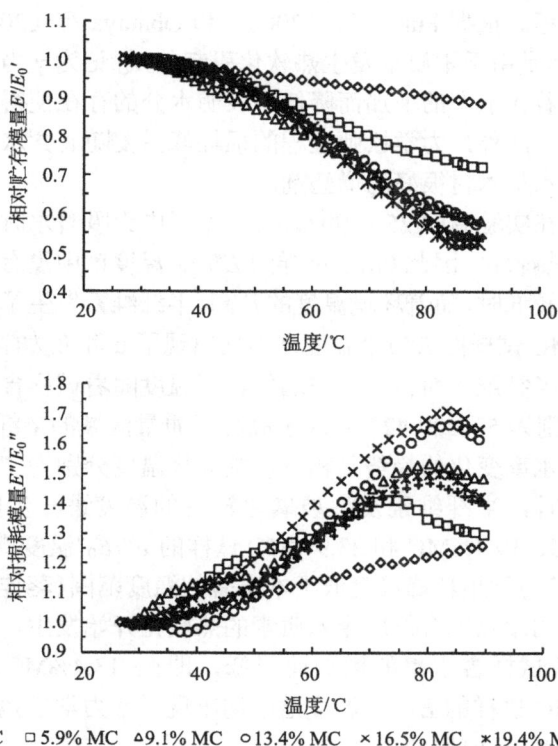

◇ 0 MC　□ 5.9% MC　△ 9.1% MC　○ 13.4% MC　× 16.5% MC　＊ 19.4% MC　＋ 23.9% MC

图 7-6　1Hz 测定频率下不同含水率木材的贮存模量和损耗模量在 25～90℃ 的温度谱

学键，引起键长增加，键合力减弱，造成木材细胞壁刚度降低（Gerhards，1982；Engelund and Salmén，2012）。在整个实验温度范围内，0MC 试样的贮存模量降低程度最小，约为 12%；5.9%MC 试样的降低程度约为 26%；9.1%MC～23.9%MC 试样的贮存模量降低程度相近，为 40%～50%。在贮存模量减小的区域，相对损耗模量 E''/E_0'' 温度谱中可分为 3 种情况：① 0MC 试样没有出现力学松弛过程。② 5.9%MC 和 9.1%MC 试样出现了 2 个交叠的力学松弛过程，其一是发生在 40℃ 附近的 α 力学松弛过程，另一个是出现在 70～80℃ 的 β 力学松弛过程。一些文献中提出了与 α 力学松弛过程相似的研究报道，Nakano 等（1990）曾在 10℃ 附近观察到一个力学松弛过程，他认为该力学松弛过程与木材成分和水分的存在有关；Backman 和 Lindberg（2001）在 -7～34℃ 内观察到含水率木材的一个力学松弛过程，他认为该力学松弛过程是由低分子质量部分的半纤维素发生玻璃化转变引起的。考虑到如果不同类型的半纤维素具有不同的分子质量，并且彼此独立，则会使得低分子质量的半纤维素具有较低的玻璃化转变温度，因此推测 β 力学松弛过程是由低分子质量的半纤维素发生玻璃化转变引起的（蒋佳荔和吕建雄，2006，2008）。③13.4%MC、16.5%MC、19.4%MC 和 23.9%MC 试样在 80℃ 附近均出现了 1 个力学松弛过程。根据 Furuta 等（2000）和 Obataya 等（2003）的研究结果，这个力学松弛过程是由于木质素发生热软化引起的，标记为 γ 力学松弛过程。力学松弛峰的强度随着含水率的增加而降低，表明水分的存在使得木材内部分子运动的能量损耗减小。此外，力学松弛过程的损耗峰温度随着含水率的增加向低温方向移动，反映了水是木材很好的增塑剂。

　　综上分析可知，在实验温度 25～90℃，① 木材中无吸着水时，半纤维素和木质素分子均未发生热软化，因此 0MC 试样的 E''/E_0'' 温度谱中没有出现力学松弛过程。② 木材含水率较低时，随着环境温度的升高，半纤维素发生了玻璃化转变，即 5.9%MC 和 9.1%MC 试样的 E''/E_0'' 温度谱中均出现了 α 和 β 力学松弛过程。对于低分子质量区域的半纤维素而言，其玻璃化转变温度随着试样含水率的增加而降低，损耗峰温度分别为 50℃ 和 42℃；对于高分子质量区域的半纤维素而言，其玻璃化转变温度随含水率变化的趋势则相反，损耗峰温度分别为 73℃ 和 80℃。③ 木材含水率较高时，半纤维素发生玻璃化转变的温度进一步降低，因此在 13.4%MC、16.5%MC、19.4%MC 和 23.9%MC 试样的 E''/E_0'' 温度谱中观察不到 α 力学松弛过程，推测其力学损耗峰温度低于本实验的温度范围（蒋佳荔和吕建雄，2006）。然而，此时的湿热耦合作用令木质素的热软化开始发生，木质素发生玻璃化转变的温度随着试样含水率的增加而降低，即在 13.4%MC、16.5%MC、19.4%MC 和 23.9%MC 试样的 E''/E_0'' 温度谱中均出现了 γ 力学松弛过程，损耗峰温度分别为 >90℃、84℃、81℃ 和 80℃。

7.5.2 复频测定条件下的温度谱

图 7-7 为不同含水率木材在湿热耦合环境中的贮存模量 E' 和损耗模量 E'' 在 0.5Hz、1Hz、2Hz、5Hz、10Hz 测定频率下的温度谱。从贮存模量 E' 温度谱中可以观察到，E' 随着测量频率的增加而增大，但不同频率之间贮存模量的差异很小。从损耗模量 E'' 温度谱中可以观察到，E'' 随着测量频率的增加而降低，不同频率之间损耗模量的差异随着试样含水率的增加而减小，当试样含水率为 23.9%时，曲线几乎重合在一起。

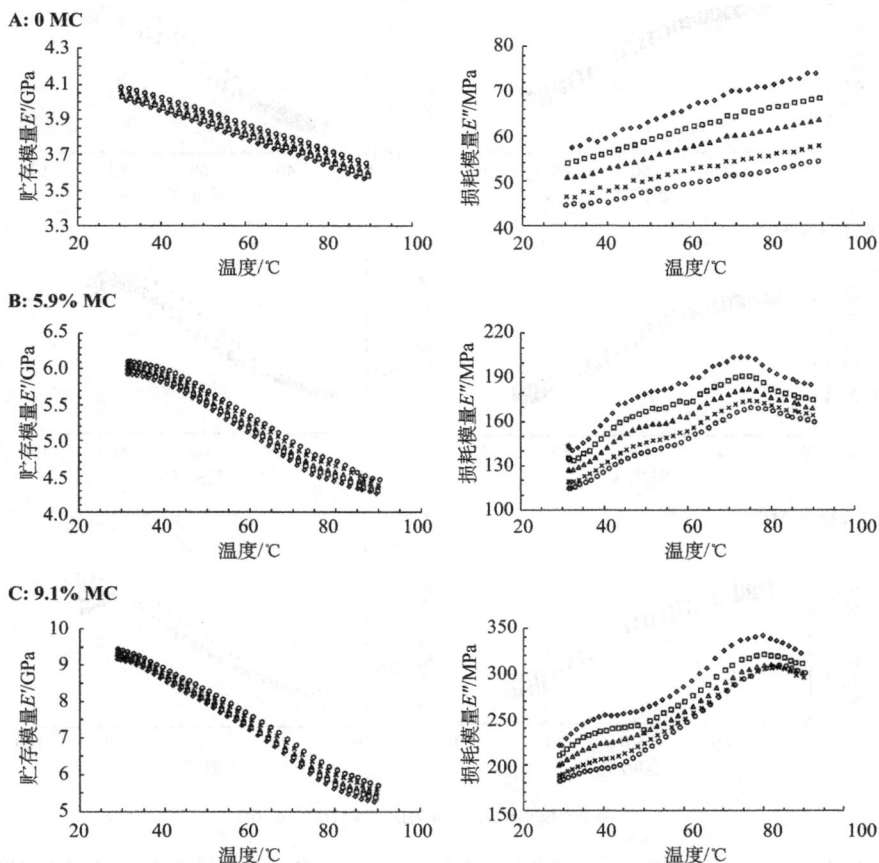

D: 13.4% MC

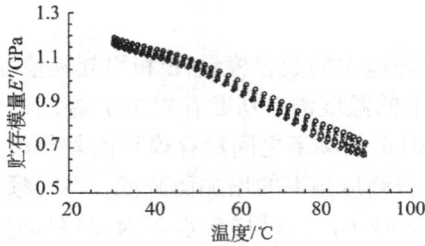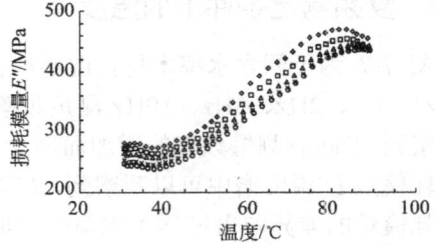

E: 16.5% MC

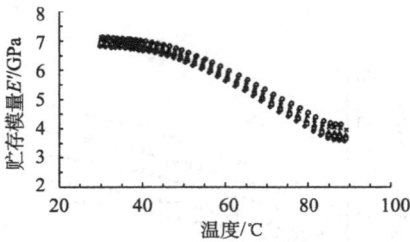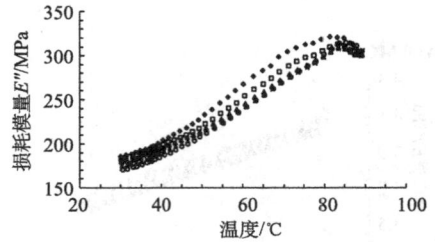

F: 19.4% MC

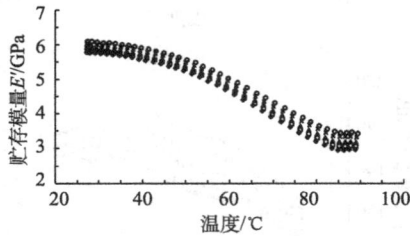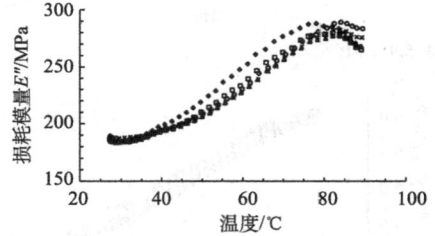

G: 23.9% MC

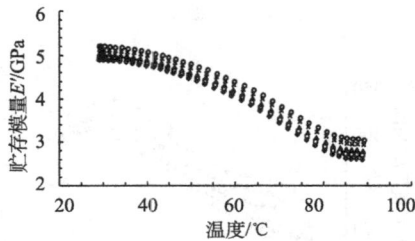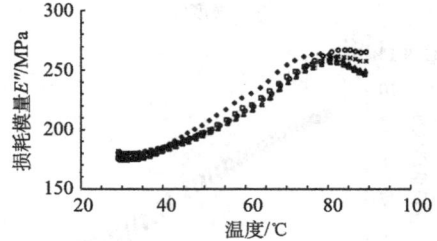

◇ 0.5Hz　□ 1Hz　▲ 2Hz　× 5Hz　○ 10Hz

图 7-7　0.5～10Hz 测定频率下不同含水率木材的贮存模量和损耗模量在 25～90℃的温度谱

表 7-7 列出了不同含水率木材在 0.5～10Hz 测定条件下的贮存模量、损耗模量和力学松弛过程的损耗峰温度，以此说明贮存模量、损耗模量和力学损耗峰温

度随着频率的改变而发生变化的情况。对于同一含水率试样，随着测量频率的增加，力学松弛过程的损耗峰温度向高温方向移动。

表 7-7　复频测定条件下不同含水率木材的贮存模量、损耗模量和力学损耗峰温度

含水率/%	频率/Hz	贮存模量 E'/GPa		损耗模量 E''/MPa		力学损耗峰温度 /℃
		25℃	90℃	min	max	
0	0.5	4.00	3.57	57.27	73.95	—
	1	4.03	3.58	53.87	68.42	—
	2	4.05	3.61	50.77	63.56	—
	5	4.07	3.63	46.45	57.71	—
	10	4.08	3.65	44.57	54.26	—
5.9	0.5	5.93	4.26	140.54	203.80	46.8 / 71.3
	1	5.97	4.30	133.33	190.63	46.9 / 73.1
	2	6.01	4.36	126.92	182.27	48.6/ 73.9
	5	6.06	4.38	118.93	174.50	48.7 / 75.1
	10	6.10	4.45	114.52	169.68	48.9 / 75.3
9.1	0.5	9.17	5.26	220.47	341.56	40.7 / 80.1
	1	9.23	5.36	209.46	320.58	42.4 / 80.2
	2	9.30	5.51	199.75	308.50	41.0 / 81.4
	5	9.38	5.60	187.57	305.79	42.6 / 83.9
	10	9.43	5.72	181.58	307.54	42.8 / 84.0
13.4	0.5	1.16	0.66	276.81	469.18	83.7
	1	1.17	0.67	270.36	453.42	84.8
	2	1.17	0.69	261.54	446.30	85.2
	5	1.18	0.71	252.69	438.66	86.5
	10	1.19	0.72	247.34	436.50	87.9
16.5	0.5	6.73	3.56	196.25	321.12	81.4
	1	6.81	3.66	191.67	312.29	83.4
	2	6.88	3.78	189.55	307.63	83.5
	5	6.98	3.94	184.58	309.48	85.3
	10	7.05	4.13	179.50	314.49	85.5
19.4	0.5	5.77	2.95	184.05	287.06	79.1
	1	5.84	3.06	183.73	278.87	81.1
	2	5.91	3.17	186.47	276.83	82.3
	5	6.02	3.31	187.14	281.79	84.1
	10	6.09	3.43	183.60	288.48	84.2
23.9	0.5	4.88	2.59	173.95	263.69	78.2
	1	4.95	2.69	174.17	257.87	80.4
	2	5.02	2.79	176.68	256.34	80.6
	5	5.12	2.92	179.89	261.20	82.5
	10	5.19	3.03	179.16	267.02	84.1

注：　"—"表示在该条件下没有出现力学损耗峰

在 25～90℃内，计算不同含水率木材力学松弛过程的表观活化能。将测量频率的对数 $\ln f$ 相对于损耗模量 E'' 温度谱中力学松弛过程的损耗峰对应的绝对温度的倒数 $1/T$ 作图，如图 7-8 所示。进行线性回归的决定系数均在 0.92 以上，根据式（7-3），由直线的斜率可计算出松弛过程所需要的表观活化能 ΔH。通过计算，可分别求得含水率为 5.9% 和 9.1% 的木材试样低分子质量的半纤维发生热软化过程所需要的表观活化能，以及含水率为 13.4%、16.5%、19.4% 和 23.9% 的木材试样发生木质素玻璃化转变过程所需的表观活化能，结果列于表 7-8。由此可见，随着木材含水率由 5.9% 增加至 9.1%，低分子量的半纤维发生热软化所需的表观活化能值由 703.6kJ/mol 降低至 630.1kJ/mol；对于含水率为 13.4%、16.5%、19.4% 和 23.9% 的木材试样，木质素发生热软化所需的表观活化能值分别为 785.4kJ/mol、730.6kJ/mol、571.6kJ/mol 和 545.9kJ/mol，即水分的存在使得木材的黏性增大，木质素更容易发生软化，因此链段运动所需的表观活化能值降低。

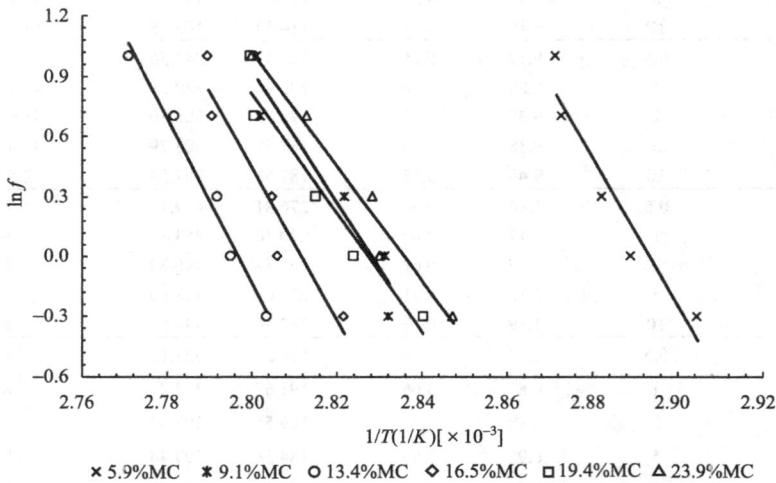

图 7-8　力学松弛过程的损峰对应的绝对温度的倒数 $1/T$ 与频率的对数 $\ln f$ 之间的关系

表 7-8　力学松弛过程的表观活化能（ΔE）和线性回归的决定因子（R^2）

含水率/%	$\Delta E/$(kJ/mol)	R^2
5.9	703.6	0.92
9.1	630.1	0.92
13.4	785.4	0.98
16.5	730.6	0.92
19.4	571.6	0.94
23.9	545.9	0.96

7.6　本　章　小　结

本章围绕木材动态黏弹性能温度谱，首先，在-120～250℃测定了全干材的动态黏弹性，探讨了不同干燥处理历程对木材动态黏弹行为的影响；其次，在-120～40℃讨论了木材动态黏弹性的含水率依存性；最后，研究湿热耦合（温度为25～90℃；湿度为33%～95%RH）作用下不同含水率木材的动态黏弹性质，探讨了温度和含水率对木材结构与性能产生的影响，并对力学松弛过程的机制进行了讨论。主要结论有如下几点。

1）全干材动态黏弹性能温度谱的主要研究结论

（1）贮存模量和损耗模量均表现为115℃处理材最大，真空冷冻处理材最小。表明115℃处理过程中木材内部可能发生了结晶化反应或交联化反应，从而导致其刚度较大；真空冷冻处理过程中，木材细胞壁可能发生一定程度的破坏从而导致其刚度较低。

（2）115℃处理材和65℃处理材的动态黏弹性测定过程中，在-120～250℃内出现了3个力学松弛过程，其分子运动归属分别是木材细胞壁非结晶区中聚合物的微布朗运动（230℃），木材细胞壁聚合物分子的扭转振动（30℃）和木材细胞壁无定形区中伯醇羟基的回转取向运动（-70℃）。真空冷冻处理材的损耗模量温度谱可观察到4个力学松弛过程，新增加的松弛过程是由木质素分子的微布朗运动引起的（120℃）。

（3）对于不同的力学松弛过程，3种全干材的力学损耗峰温度之间的差异不相同；频率对全干材不同力学松弛过程的损耗峰温度的影响也不相同。115℃处理材的表观活化能最高，说明其内部的链段运动需要切断更多的分子链之间的连接。

2）湿材动态黏弹性能温度谱的主要研究结论

（1）木材的贮存模量随温度升高而减小，贮存模量的减小程度随着含水率的增加而增大。

（2）在-120～40℃内，随着温度的升高依次出现了2个力学松弛过程，一个是出现在较高温度域（约20℃）的α力学松弛过程，是由低分子质量的半纤维素发生玻璃化转变引起的；另一个是出现在低温域（约-100℃）的β力学松弛过程，是基于木材细胞壁无定型区中伯醇羟基的回转取向运动与吸着水分子的回转取向运动两者叠加而成。力学松弛过程的损耗峰温度随着含水率的增加向低温方向移动。

（3）在25～90℃内，对于全干材，没有出现力学松弛过程；当木材含水率较低（5.9%和9.1%）时，可观察到由半纤维素热软化引起的力学松弛过程（约40℃）；当木材含水率较高（13.4%～23.9%）时，可观察到由木质素发生玻璃化转变引起的力学松弛过程（约 80℃）。力学松弛过程的损耗峰温度随着含水率的增加向低温方向移动。

（4）在 0.5～10Hz 内，不同频率之间贮存模量的差异很小。随着测量频率的升高，力学松弛过程的损耗峰温度向高温方向移动。

（5）力学松弛过程的表观活化能随着含水率的增大而减小。

第8章 木材动态黏弹性能时间谱

8.1 引 言

木材的湿热软化特性是影响木材加工和木制品生产过程的一个重要性能指标。在湿热环境中，对木材进行软化处理，可以改善木材的加工性能，在一定条件下木材可以进行弯曲、扭曲和压缩成型而不受破坏，从而加工成家具弯曲部件等复杂造型制品和实现压缩密实化改性。此外，木材干燥、人造板热压、单板旋切、制浆造纸等工艺过程均涉及木材的湿热软化特性。从本质上看，木材软化是木材黏弹行为的宏观体现：在一定的湿热条件下，水分对木材纤维素的非结晶区、半纤维素和木质素进行润胀，为分子运动提供自由体积空间，热作用使分子获得足够的能量，促使半纤维素和木质素发生玻璃化转变，表现为木材刚度降低而黏滞性增加，宏观上表现为木材软化。

一般而言，木材在湿热环境下所表现出的黏弹性质与制品的质量紧密相关，而湿热耦合作用的温度、时间及含水率是影响木材黏弹性质的关键性参数。一些研究表明，升高温度、延长热作用时间、增加木材含水率可以增加木材的黏性而降低其刚性，从而有利于木材进行塑性加工（Wolcott and Shutler，2003；Jiang et al. 2009；Engelund and Salmén，2012）。为了弄清楚木材含水率、热作用温度和时间3者之间的依存关系，系统研究不同含水率木材的黏弹行为在湿热耦合作用过程中的经时变化规律尤为重要。关于温度与含水率对木材黏弹性的影响，研究主要集中在木材蠕变对时间和含水率的响应方面（Breese and Bolton，1993；Kojima and Yamamoto, 2005; Montero et al.，2012；Engelund and Salmén，2012；Hering and Niemz, 2012），而有关湿热耦合作用过程中木材动态黏弹行为的经时变化规律研究尚未探悉。

鉴于此，本章开展了2个方面的研究内容：一方面，针对全干材，在25~220℃内的不同恒定温度条件下，测定550min热作用过程中木材贮存模量 E'、损耗模量 E'' 和损耗因子 tanδ 的经时变化，研究热作用温度与时间对木材动态黏弹性质的影响及其机制；另一方面，围绕湿材，在不同恒定温度和湿度场（分别为25~90℃和0~93%RH）条件下，测定550min热作用过程中不同含水率（0~19.4%）木材贮存模量 E' 和损耗因子 tanδ 的经时变化，研究湿热耦合作用对不同含水率木材动态黏弹性质的影响及其机制。

8.2　材料与方法

8.2.1　试样制备

试样制备同 5.2.1。

8.2.2　全干材的制备

在室温（18～22℃）下，将生材试样放入装有五氧化二磷（P_2O_5）的干燥器中进行干燥，直至试样在 24h 内的质量变化小于 0.1%时，干燥结束。经 P_2O_5 干燥后木材试样的含水率约为 0。

8.2.3　试样含水率的调整

试样含水率的调整同 5.2.2。

8.2.4　动态黏弹性能时间谱测定

采用 DMA（dynamic mechanical analysis）动态热机械分析仪（美国 TA 公司）进行测试。选择单悬臂梁弯曲形变模式（图 5-2），跨距 17.65mm，夹具力矩为 80N·cm。在黏弹性测定前，通过动态应变扫描实验来选择线性黏弹区域相近的木材试样，并根据临界应变值来确定施加到试样上的应变量/振幅值。本实验的动态载荷振幅为 15μm，测量频率为 1Hz。

对于全干材试样，动态黏弹性测定分别在 11 个恒定温度水平下进行：25℃、40℃、60℃、80℃、100℃、120℃、140℃、160℃、180℃、200℃和 220℃。将试样从室温加热至设定的目标温度，并在目标温度下平衡 10min 后开始测定试样的动态黏弹性能时间谱。在每一个恒定温度水平下的测试时间均为 550min，得出不同恒定温度下试样的贮存模量 E'、损耗模量 E'' 和损耗因子 tanδ 与热作用时间的关系曲线。此外，在黏弹性测定之前和测定之后分别对试样质量进行测定，以确定木材试样在不同恒温过程中的质量变化。

对于湿材试样，在一系列恒定温湿度场中测定不同含水率木材的贮存模量和损耗因子时间谱，恒定温度设为 7 个水平分别是 25℃、40℃、50℃、60℃、70℃、80℃和 90℃，恒定相对湿度为 6 个水平（选择依据是与室温下试样含水率调整时的相对湿度水平相一致）：0、33%、58%、76%、86%和 93%。对于全干材试样，DMA 测试炉体内通入干空气（由 DMA 的配套空气过滤装置提供），保证测试的环境湿度接近 0；对于湿材试样，DMA 测试炉体内通入高纯度氮气和水蒸气的混合气体，通过 DMA 的配套湿度附件装置自动调整高纯氮气和水蒸气的比例来提供测试时炉体内所需要的环境相对湿度。需要指出的是，93%的相对湿度环境只在 25℃和 40℃可以达到，随着测试温度由 50℃上升至 90℃，DMA 测试炉体所能提供的最高相对湿度由 90%降低至 86%。在木材动态黏弹性能时间谱测定过程中，首先将木材试样安装到测试夹具上，然后是 DMA 测试炉体内的环境相对湿度升高至设定的目标湿度，随后将木材试样加热至设定的目标温度，并在目标温湿度环境下平衡 10min 后开始测定试样的贮存模量和损耗因子时间谱。在每一个恒定温湿度条件下的测试时间均为 550min，得出不同恒定温湿度场下试样的贮存模量和损耗因子与湿热耦合作用时间的关系曲线。此外，在动态黏弹性测定前和测定后分别对试样进行称重，以确定木材试样在一系列湿热耦合作用过程中的含水率变化情况。

8.3　热作用温度和时间对全干材动态黏弹性的影响

8.3.1　试样质量变化

图 8-1 为木材试样在不同恒定温度下热作用 550min 后的质量变化情况。由图 8-3 可知，经 25℃和 40℃恒温过程后，木材试样的质量稍有增加，这是由于在 25℃和 40℃时，随着热作用时间的延长，试样从周围环境中吸着了少量水分所致。在 60 ~ 160℃内，试样的质量随温度的升高而逐渐减小。在温度低于 120℃时，试样中的少量水分散失是引起试样质量减小的直接原因；当温度处于 120 ~ 160℃时，试样质量减小是由于木材发生了热软化所致；当温度升至 180℃以上时，试样质量急剧下降，主要是因为木材发生了热降解（Gündüz et al.，2008）。此外，高温条件下木材中的有机挥发物散失也是其质量下降的原因之一（Kubojima et al.，2001）。

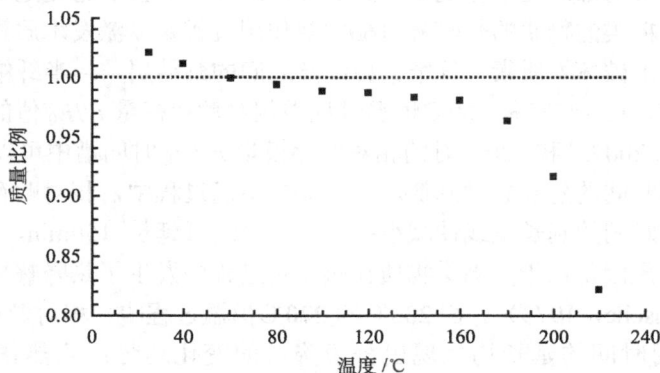

图 8-1　木材试样质量变化与温度的关系

质量比例=M_h/M_o；M_h 为经 550min 恒温过程后试样的质量；M_o 为经 P_2O_5 干燥后试样的质量

8.3.2　恒温过程的贮存模量时间谱

图 8-2 为 1Hz 测量频率下木材在不同恒定温度（25℃、40℃、60℃、80℃、100℃、120℃、140℃、160℃、180℃、200℃和220℃ 11 个水平）作用过程中的相对贮存模量 E'/E_0' 时间谱。相对贮存模量 E'/E_0' 为任一时间下的贮存模量 E' 与实验初始时贮存模量 E_0' 的比值。从中可以看出，在不同温度下，相对贮存模量 E'/E_0' 值随热作用时间的延长或基本保持恒定（25℃和 40℃）或呈现出下降的变化趋势（60～220℃）。显然，木材的贮存模量受温度和热作用时间的共同影响，这与木材弹性模量随热作用温度和时间的变化规律是相似的（Bernier and Kline，1968；Hirai et al.，1990；Chen et al.，1999；Length and Sargent，2008）。相对贮存模量 E'/E_0' 值在 25℃和 40℃恒温过程的初始阶段稍有下降，分别在 150min 和 60min 时达到最小值，随后 E'/E_0' 值随着热作用时间的延长基本保持恒定。对于 60、80 和 100℃ 3 个恒温过程，相对贮存模量 E'/E_0' 值随热作用时间的延长而略有下降，在热作用时间为 550min 时，E'/E_0' 值的降幅均小于 1%，且在不同温度之间的差异较小。木材试样在 120、140 和 160℃热作用过程中：温度越高，相对贮存模量 E'/E_0' 值随热作用时间延长而下降的幅度越大，但试样的质量在整个热作用过程中（550min）仅下降了 2%左右（图 8-1）。其中，当 120℃ 热作用时间达 550min 时，相对贮存模量 E'/E_0' 值的降幅约 1%；而对于 140℃和 160℃ 2 个恒温过程，在热作用时间为 100min 时，相对贮存模量 E'/E_0' 值的降幅就达到 1%，当热作用时间分别为 450min 和 300min 时，E'/E_0' 值的降幅均达到 3%。这表明，升高温度和延长热作用时间对引起木材动态刚度下降有相同的效果。Alén 等（2002）指出，当温度超过 100℃时，随着热作用时间的延长，木材细胞壁聚合物的分子链之间或分子链内部的化学键逐渐遭到破坏，此外，也会引起无定形聚合物的热软化及一些多糖类的物质的热降解。160℃热作用过程足以激发木质素的分子运动，并在一定程度上破坏木质素与纤维素微纤丝之间的黏结层——半纤维素（Salmén，2004）。因此，在 140℃和 160℃恒温过程中相对贮存模量 E'/E_0' 值的降幅较大。

从 180℃、200℃和220℃时的相对贮存模量 E'/E_0' 时间谱中可以看出，E'/E_0' 值随着热作用时间的延长急剧降低。在 180℃恒温过程中，相对贮存模量 E'/E_0' 值随着热作用时间的延长呈线性减小：热作用时间每延长 150min，E'/E_0' 值约下降 10%，究其原因是由于多糖类物质在热作用过程中发生了热降解导致质量损失所引起的（Rusche，1973）。在 200℃和 220℃恒温过程中，相对贮存模量 E'/E_0' 值随着热作用时间的延长均呈现出分段降低的变化趋势：当热作用时间小于 100min 时，E'/E_0' 值随时间的延长急剧下降至 50%；在 100～160min，E'/E_0' 值变化较小并趋于稳定；当热作用时间超过 160min 后，E'/E_0' 值呈逐渐降低的趋势。

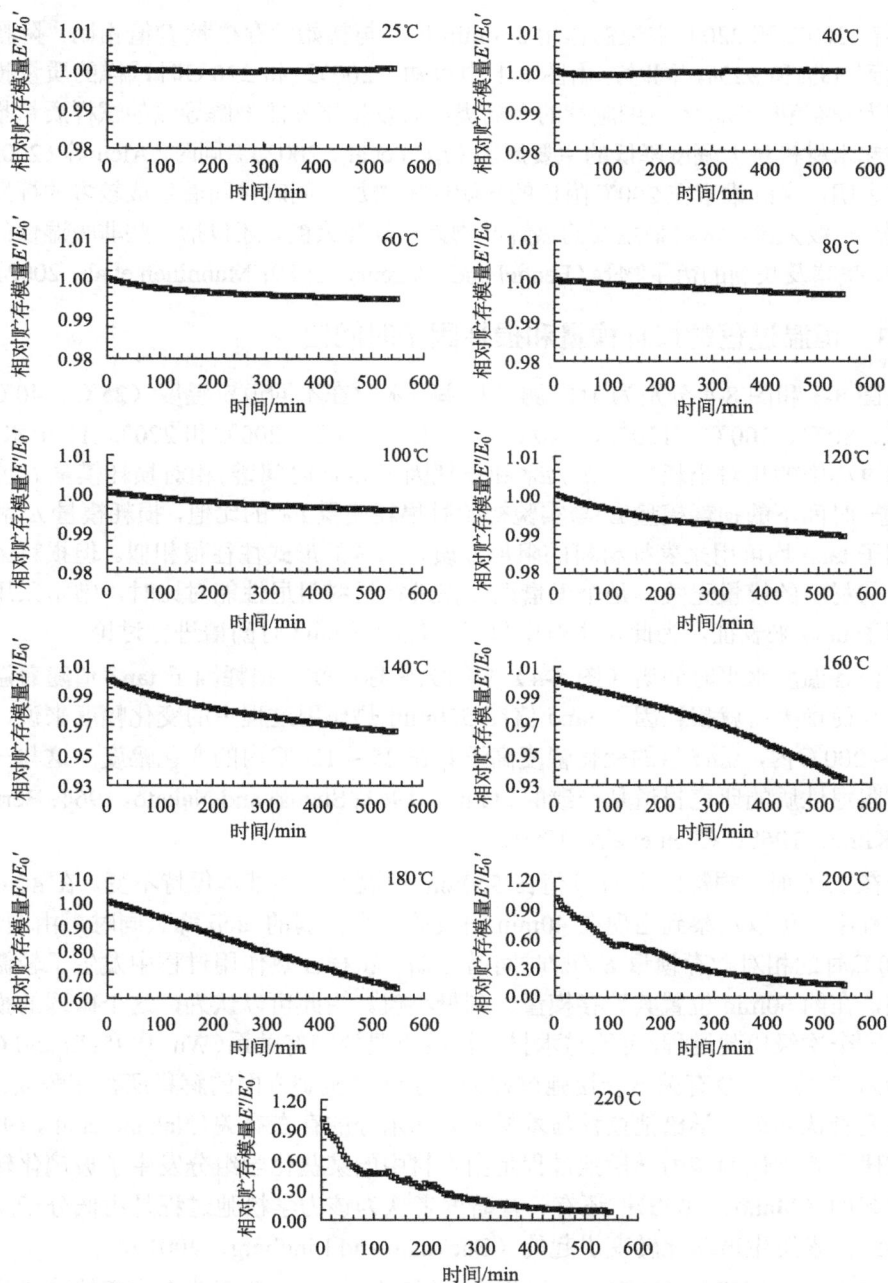

图 8-2　不同恒温过程中木材试样相对贮存模量 E'/E_0' 的经时变化

相对贮存模量 E'/E_0'：E' 和 E_0' 分别为任一时间和实验初始的贮存模量

试样在 200℃和 220℃中恒温作用 550min 后，与初始贮存模量 E' 值相比，降幅分别达到 85%和 92%。同时，由图 8-1 中可知，200℃ 和 220℃时试样的质量损失分别为 9% 和 18%。木材细胞壁的多糖类物质发生剧烈热降解导致的试样质量损失是引起木材模量大幅度降低的主要原因（Alén et al.，2002）。同时，Alén 等（2002）研究表明，半纤维素在 200℃附近的热解速率增加，同时伴随着生成较多的挥发性物质。一般来说，木材最主要的热解产物为左旋葡聚糖，还包括一些非吸湿性的葡萄糖、呋喃及呋喃的衍生物等（Fengel and Wegener，1989；Manninen et al.，2002）。

8.3.3　恒温过程的损耗模量和损耗因子时间谱

图 8-3 和图 8-4 分别为 1Hz 测量频率下木材在不同恒定温度（25℃、40℃、60℃、80℃、100℃、120℃、140℃、160℃、180℃、200℃和 220℃ 11 个水平）作用过程中的相对损耗模量 E''/E_0'' 和损耗因子 $\tan\delta$ 时间谱。相对损耗模量 E''/E_0'' 为任一时间下的损耗模量 E'' 与实验初始时损耗模量 E_0'' 的比值。损耗模量 E'' 和损耗因子 $\tan\delta$ 均可用来表征材料的阻尼性质，二者的形式往往很相似。但损耗因子 $\tan\delta$ 与材料的模量无关，是个无量纲。在进行材料阻尼性能对比时，常常采用损耗因子 $\tan\delta$ 来表征。为此，本章中只对损耗因子 $\tan\delta$ 时间谱进行讨论。

由各温度水平时间谱（图 8-4）中的纵坐标可知，损耗因子 $\tan\delta$ 值随着温度的升高而增大；就损耗因子 $\tan\delta$ 值在 550min 热作用过程中的变化幅度来说，在 120～200℃内，$\tan\delta$ 值的变化幅度高于其在 25～100℃内的变化幅度。这与一些木材阻尼性质的研究报道是一致的（James，1961；Suzuki and Nakato，1964；Bernier and Kline，1968；Chen et al，，1999）。

在 25℃时，损耗因子 $\tan\delta$ 值在 550min 恒温过程中基本保持不变。在 40℃恒温过程中，可以观察到出现在 40min 附近的一个微弱的 $\tan\delta$ 峰。同时，由图 8-2 中 40℃时的相对贮存模量 E'/E_0' 时间谱可知，试样在热作用过程中发生了轻微的吸湿，在约 60min 位置其贮存模量达到最小值。由此可以认为，这个微弱的损耗峰是一个次级松弛过程，可能与木材的机械吸湿效应有关系（Wu，1995；Li and Gu，1999）。然而，迄今有关这一松弛过程的分子运动机制方面的解释还存在争议：一些研究者认为该力学松弛过程与木材成分和水分的存在有关（Nakano et al.，1990）；一些研究者则认为该力学松弛过程是由木材中的某些化学组分发生了玻璃化转变而引起的（Mano，2002）；还有一些研究者认为该力学松弛过程是由低分子质量的半纤维素发生玻璃化转变引起的（Backman and Lindberg，2001）。

在 60℃、80℃和 100℃恒温过程中，损耗因子 $\tan\delta$ 值在热作用初始阶段呈下降趋势，分别在 40min、150min 和 100min 时达到最小值，这表明，试样从室温加热至目标温度，在新的热环境中，木材结构逐渐趋于稳态。在 $\tan\delta$ 值降至最低

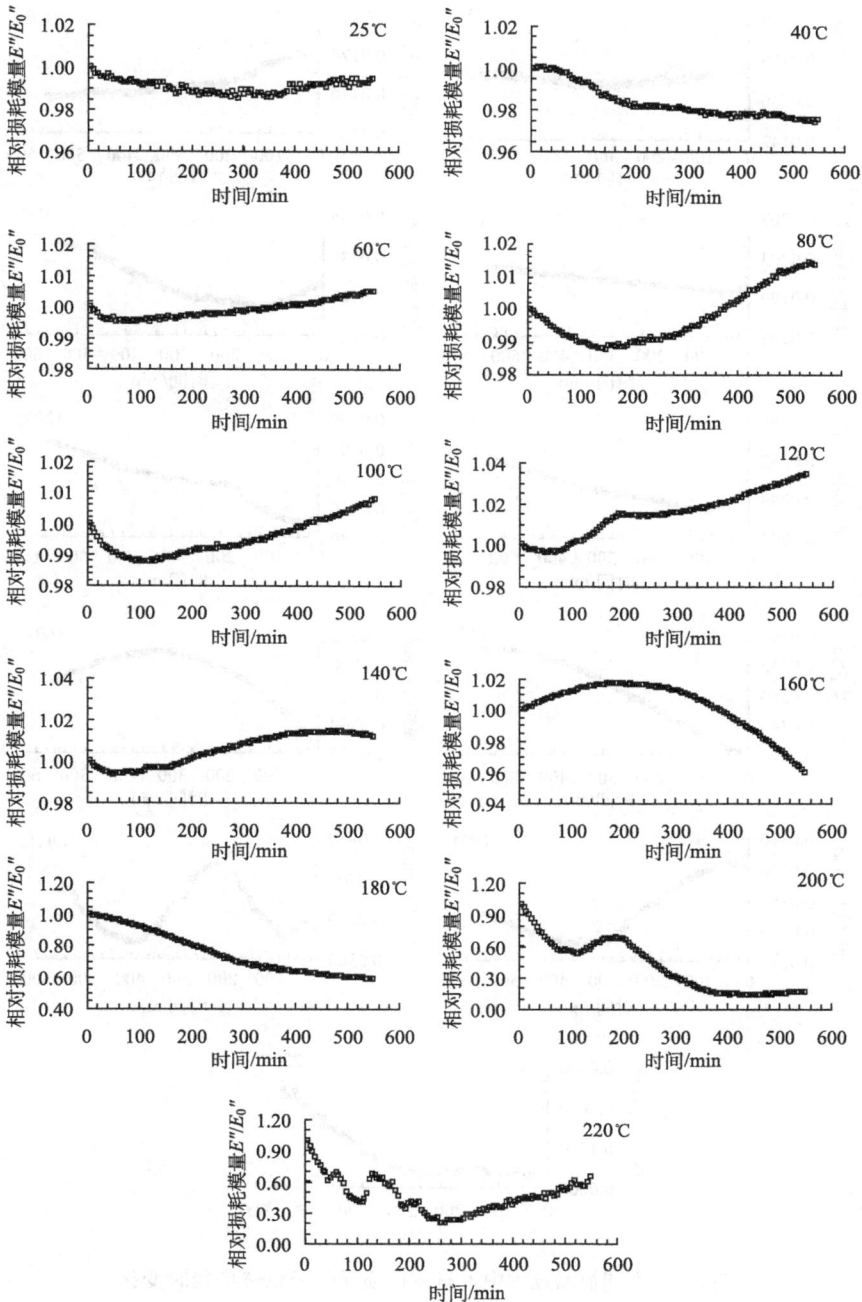

图 8-3　不同恒温过程中木材试样相对损耗模量 E''/E_0'' 的经时变化

相对损耗模量 E''/E_0''：E'' 和 E_0'' 分别为任一时间和实验初始的损耗模量

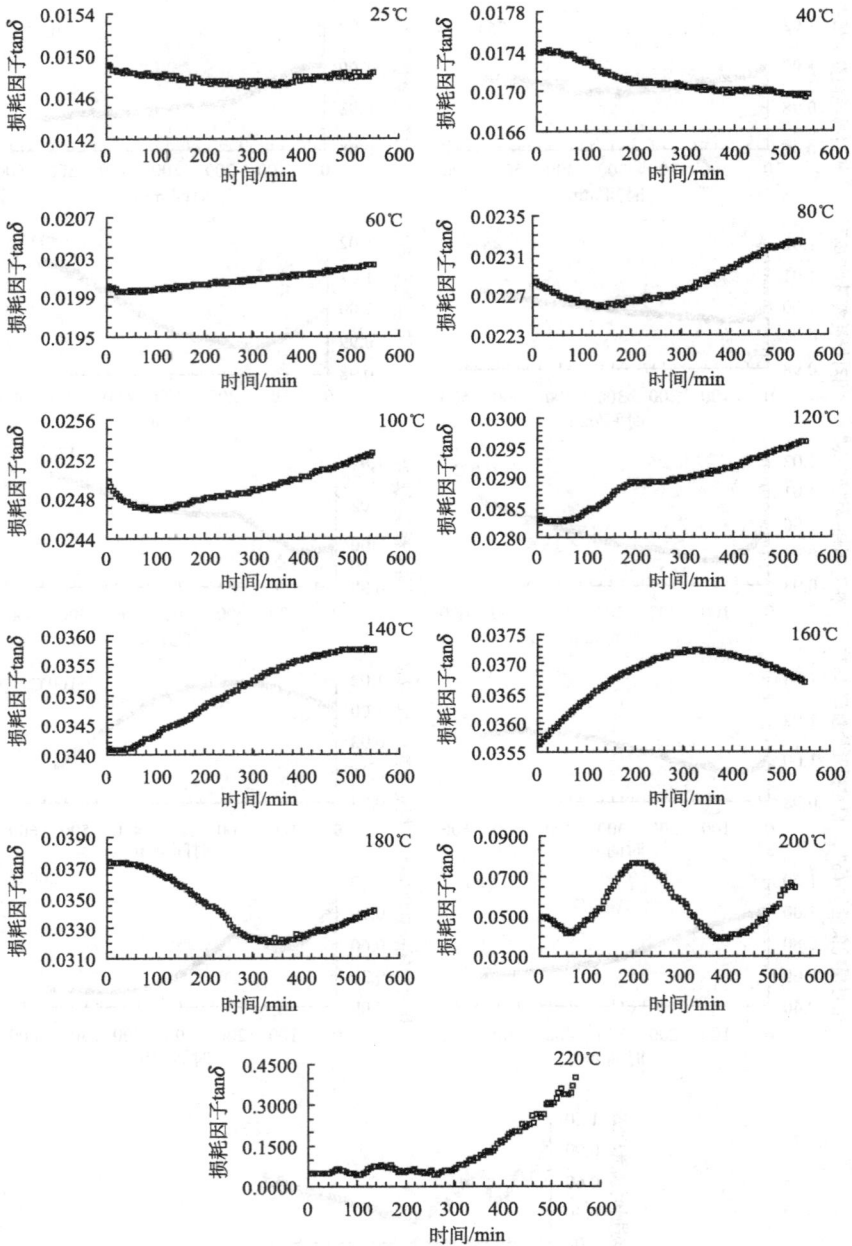

图 8-4　不同恒温过程中木材试样损耗因子 $\tan\delta$ 的经时变化

点以后，随着热作用时间的延长，tanδ 值继而又逐渐增大，分析其原因：木材在热作用过程中不断从外界获取热量，激发了木材分子的链段运动，随着热作用时间的延长，链段运动逐渐增强，能量耗散也随之增加，表现为 tanδ 值增大。对于 120℃恒温过程，在 200～250min 内，tanδ 值基本保持一致，推测在此过程中木材中的吸着水散失。Alén 等（2002）通过热重分析仪（TG）研究纤维素热稳定性能时也提出了吸着水散失现象对温度与时间的依赖性。Goring（1963）测定了绝干状态下木材的热软化温度，指出无定形纤维素、半纤维素和木质素的玻璃化转变温度分别为 231～253℃、165～217℃和 134～235℃。

从图 8-4 中 140℃、160℃和 180℃时的损耗因子 tanδ 时间谱上可以观察到木质素的热软化现象，木质素玻璃化转变温度所对应的热作用时间分别为 500min、300min 和 40min。这表明，升高温度可以缩短木质素发生玻璃化转变的松弛时间。对于 200℃恒温过程，在 200min 附近出现了一个高强度的损耗峰，考虑到半纤维素的热稳定性要比纤维素和木质素的热稳定性差，认为该损耗峰主要是由半纤维素的热降解引起的。一般来说，木质素是木材化学主成分中热稳定性能最好的物质，然而也有研究报道指出，木质素在 200℃附近时便开始发生一些变化：随着温度的升高和热作用时间的延长，木材中木质素的含量增加，碳水化合物的含量减少，同时，碳水化合物的一些热解产物也会残留在木质素中（Kollmann and Fengel，1965；Fengel and Wegener，1989；Alén et al.，2002）。综上所述，在 200℃和 220℃恒温过程中，损耗因子 tanδ 值随着热作用时间的延长出现波动式的变化，尤其是在 220℃时，当热作用时间超过 300min 后，tanδ 值随着时间的延长急剧增大。这些均表明木材发生了剧烈的热降解，从而导致能量耗散加剧。

8.4　温湿度场中不同含水率木材的动态黏弹性能时间谱

8.4.1　试样含水率的变化

图 8-5 为一系列恒定温湿度场中，不同含水率试样经湿热耦合作用 550min 后其含水率的下降情况。从图 8-5 中可以看到，对于全干材试样，在干空气环境中经不同恒定温度热作用 550min 后，试样的含水率几乎未发生变化，仍约为 0。对于湿材试样，经 25℃恒温过程后，试样的含水率稍有降低，含水率的减少量低于 0.1%。这说明，采用动态力学分析仪进行木材动态黏弹性测定过程中，测试炉体内的环境相对湿度与用于木材试样含水率调整的饱和盐溶液所提供的环境相对湿度基本一致。同时，也再次验证了动态黏弹性测试前的木材试样已达含水率平衡态。

对于任一含水率平衡态试样，保持与之相对应的环境相对湿度不变，随着环境温度从 25℃增加至 90℃，经湿热耦合作用后木材含水率的降低程度呈线性增大的趋势。这是因为，木材含水率是环境温度和湿度的函数，保持环境相对湿度不变，当测试温度高于室温时，在热的作用下木材试样中水分子的动能增加，分子间相互作用减弱，从而脱离木材界面向空气中蒸发的水分子增多，因此当相对湿度一定而温度不同时，木材含水率随着温度的升高而减小。此外，从图 8-5 中还可以看出，由于温度升高所引起木材含水率的降低程度也随着试样初始含水率的增加而增大：对于 33%、58%、76%、86% 和 93% 5 个恒湿过程，随着温度由 25℃增加至 90℃，木材含水率的降低量分别为 0.84%、1.20%、1.68%、1.88% 和 2.02%。可以推断，随着木材试样含水率由 5.9% 增加至 19.4%，木材细胞壁由单分子层的吸着水演变成多分子层的吸着水，吸着水各层水分子的热力学性质并不相同，随着吸着水分子层数的增加，水分子之间的束缚能降低（Skaar，1988；Siau，1995）。当温度升高时，束缚能较低的水分子更容易脱离木材界面向空气中蒸发，因此表现为木材含水率的降低程度随着试样初始含水率的增加而增大。

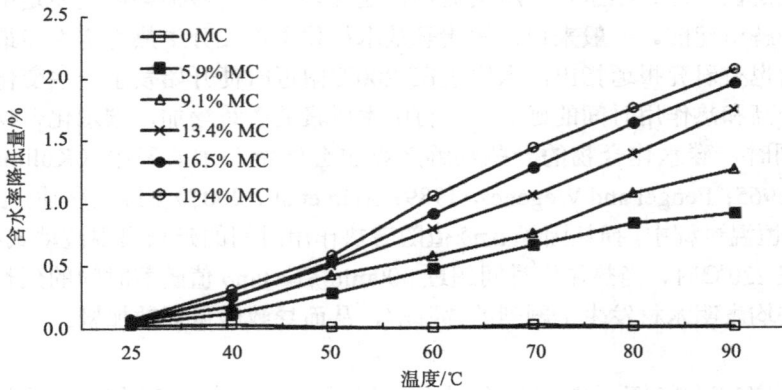

图 8-5　550min 湿热耦合作用前后木材含水率的降低量

含水率降低量=试样初始含水率−湿热耦合作用后试样的含水率

8.4.2　湿热耦合作用过程的贮存模量时间谱

为了消除试样自身的差异对实验结果造成的影响，采用相对贮存模量来代替贮存模量。相对贮存模量为任一时间下的贮存模量与实验初始时贮存模量的比值。图 8-6 为不同含水率木材试样在一系列恒定温湿度场下的相对贮存模量时间谱。

从木材的相对贮存模量时间谱中可以看出，对于全干材（0MC），在不同温度下，相对贮存模量值随热作用时间的延长或基本保持恒定（25℃和 40℃）或呈现略微下降的变化趋势（50～90℃）。在全干材的任一恒温过程，在热作用时间为 550min 时，相对贮存模量值的降幅均小于 1%。

0 MC-0 RH

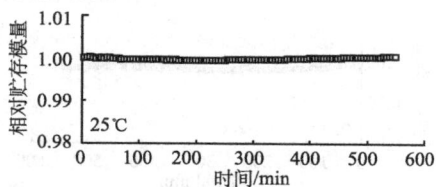

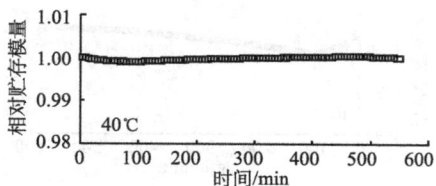

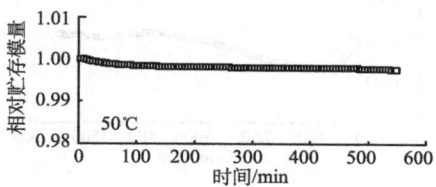

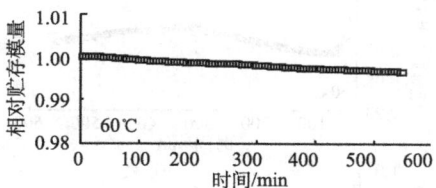

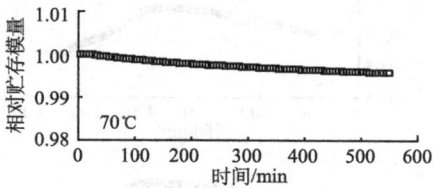

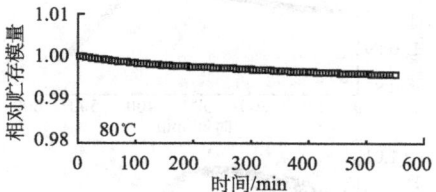

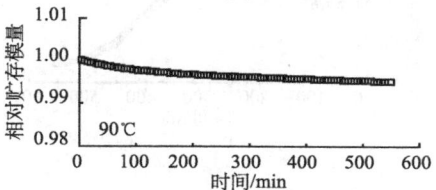

5.9%MC-33%RH

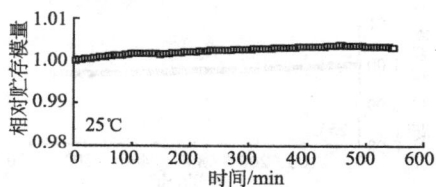

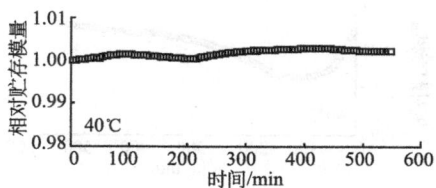

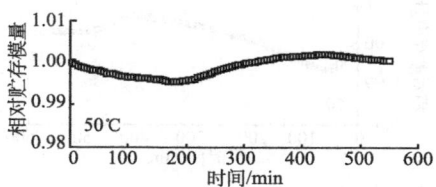

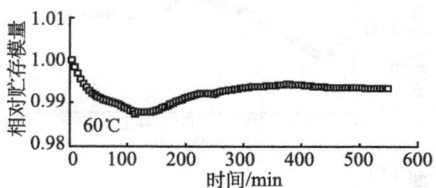

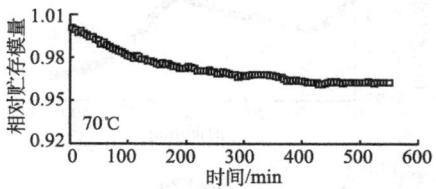

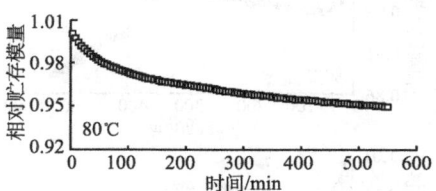

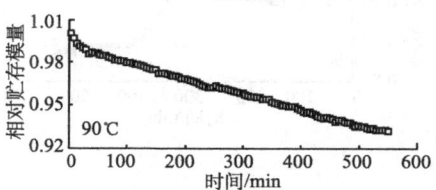

9.1%MC-58%RH　　　　　　　　　　**13.4%MC-76%RH**

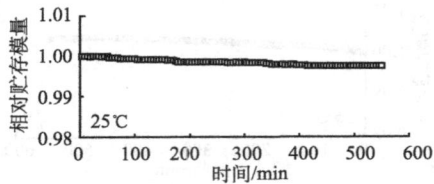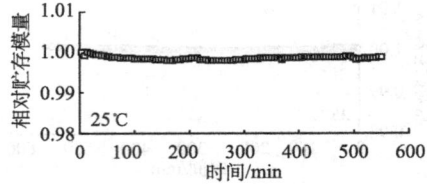

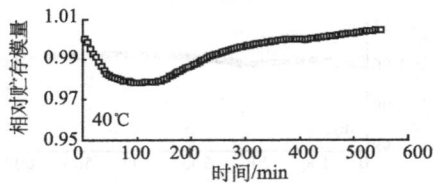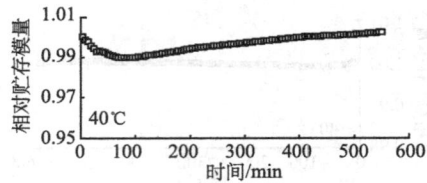

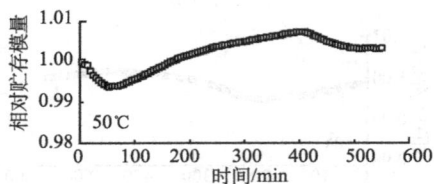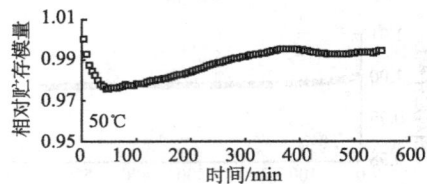

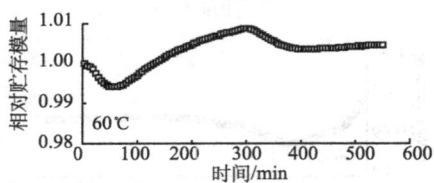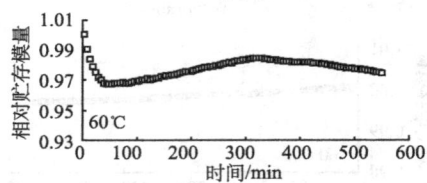

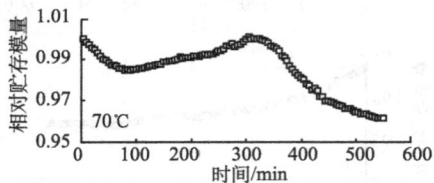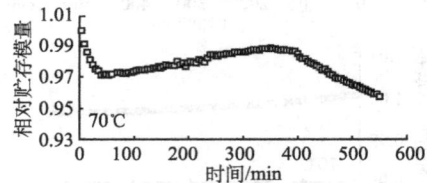

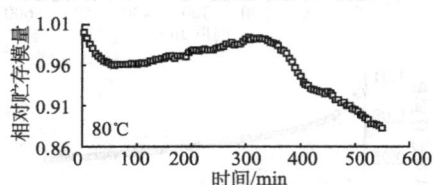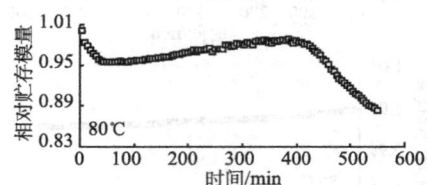

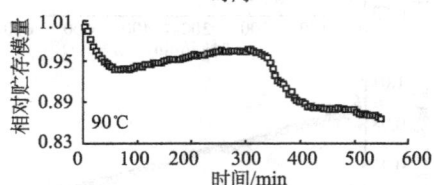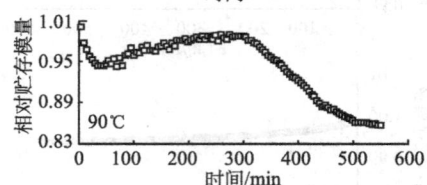

16.5%MC-86%RH　　　　　　　　　　　**19.4%MC-93%RH**

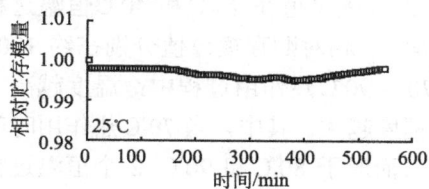
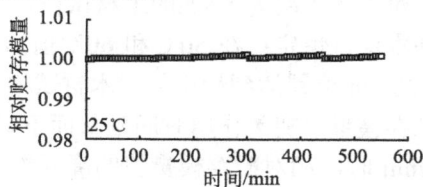
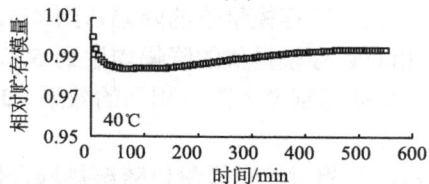
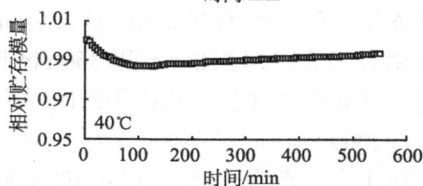
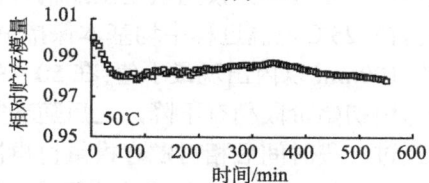
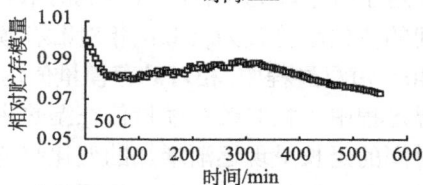
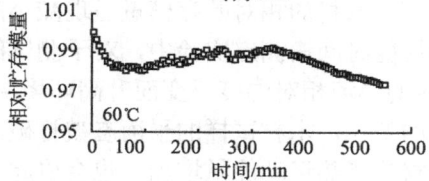
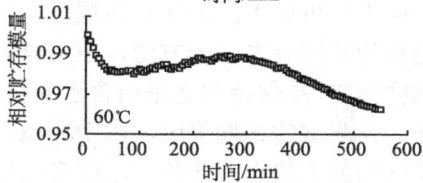
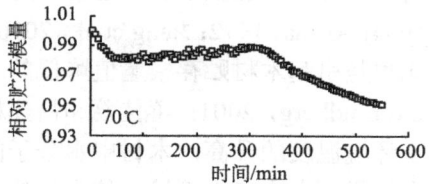
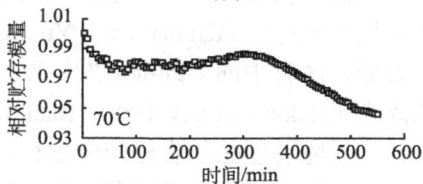
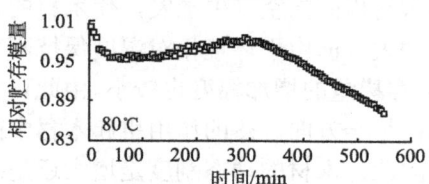
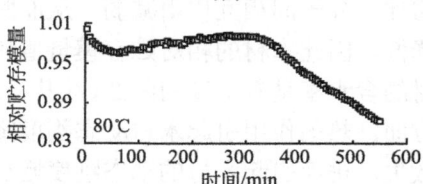
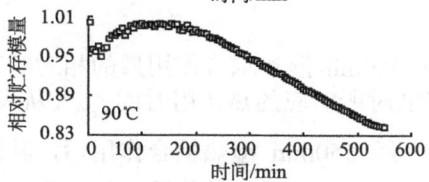
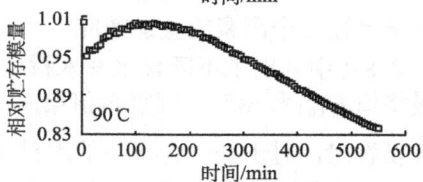

图 8-6　一系列恒定温湿度场中不同含水率木材的相对贮存模量时间谱

　　对于含水率为 5.9% 的木材试样，相对贮存模量值在 25℃ 和 40℃ 恒温过程中均基本保持恒定；在 50℃ 和 60℃ 恒温过程中，相对贮存模量值分别在约 170min 和 120min 位置达到最小值；木材试样在 70 ~ 90℃ 热作用过程中：温度越高，相对贮存模量值随热作用时间延长而下降的幅度越大。其中，当 70℃ 热作用时间达 550min 时，相对贮存模量值的降幅约 4%；而对于 80℃ 和 90℃ 2 个恒温过程，在热作用时间分别为 270min 和 230min 时，相对贮存模量值的降幅达到 4%，当热作用时间分别为 550min 和 360min 时，相对贮存模量值的降幅均达到 5%。这表明，升高温度和延长热作用时间对引起木材动态刚度下降有相同的效果（Jiang et al.，2009）。

　　对于含水率为 9.1% ~ 19.4% 的木材试样，其相对贮存模量值随湿热耦合作用时间的变化趋势较为相似：相对贮存模量值在 25℃ 恒温过程中均基本保持恒定；在 40℃ 恒温过程中，相对贮存模量值均约在 100min 以内出现最小值；在 50 ~ 90℃ 恒温过程中，相对贮存模量值在湿热耦合作用初始阶段稍有下降，之后随着热作用时间的延长呈现逐渐增加的变化趋势，经过一段时间后相对贮存模量值再次降低。原因分析如下，①在湿热耦合作用初期，木材的相对贮存模量呈现减小的变化趋势的原因有二：一方面，在木材黏弹性能时间谱测定实验中，对于测试的木材试样而言，是保持与之平衡含水率相适应的环境相对湿度不变而升高环境温度。因此，在测试的初期阶段，由于环境温度的变化，木材试样的平衡态被打破，引起其结构的不稳定；此外，温度升高使木材分子热运动能量增加，也会引起其相对贮存模量值降低（Kitahara and Yukawa，1964；Arima，1972；Jiang et al.，2010）。另一方面，木材中的半纤维素发生湿热软化也是引起木材贮存模量值降低的一个潜在因素（Nakano et al.，1990；Backman and Lindberg，2001；蒋佳荔和吕建雄，2006）。②随着湿热耦合作用的进行，由于环境温度的升高，木材中水分子的动能增加，分子间相互作用减弱，从而脱离木材界面向空气中蒸发，使木材的含水率降低，因此木材的相对贮存模量值随之增大，但由于环境相对湿度保持不变，木材的含水率是有限度的降低，故其相对贮存模量的增加幅度也较小。由此可见，一方面，热的作用引起木材动态刚度降低；另一方面，热的作用引起木材中的水分散失，进而引起木材的动态刚度增加。因此，木材的动态刚度是增大还是减小取决于上述 2 个因素的叠加效应。

　　表 8-1 中列出了不同含水率木材试样经 550min 湿热耦合作用后的相对贮存模量最终值 E'_{end} 和相对贮存模量值第二次降低时所对应的热作用时间 $T_{E'_2}$。从表 8-1 中可以看出，对于任一含水率的木材试样，经 550min 湿热耦合作用后，其贮存模量的降低程度随着环境温度的升高而增大；在同一温度条件下，随着含水率的增加，木材试样贮存模量的降低程度也增大。在含水率为 9.1% ~ 19.4% 的木材试

样相对贮存模量时间谱中，相对贮存模量值的第二次降低表明湿热耦合作用引起木材的动态刚度降低占据主导地位。从表 8-1 中可以看到，升高温度和增加木材含水率可以缩短相对贮存模量第二次降低的起始时间。显然，木材的贮存模量受含水率、温度和热作用时间的共同影响，这与木材弹性模量随木材含水率的增加、热作用温度的升高和热作用时间的延长而降低的变化规律是相似的（Bernier and Kline，1968；Chen et al.，1999；Length and Sargent，2008）。

表 8-1　550min 湿热耦合作用过程木材动态黏弹性参数的变化情况

试样初始含水率/%	温度/℃	相对贮存模量最终值	相对贮存模量二次降低的起始时间/min	损耗因子最大值	损耗因子增大的起始时间/min	力学损耗峰出现的时间/min
0	25	1.0003	/	0.0148	/	/
	40	0.9999	/	0.0169	/	/
	50	0.9974	/	0.0186	/	/
	60	0.9965	/	0.0202	/	/
	70	0.9957	/	0.0217	/	/
	80	0.9944	/	0.0232	/	/
	90	0.9932	/	0.0253	/	/
5.9	25	1.0005	/	0.0178	/	/
	40	1.0020	/	0.0195	/	/
	50	1.0005	/	0.0232	/	170
	60	0.9933	/	0.0262	/	120
	70	0.9625	/	0.0276	/	/
	80	0.9494	/	0.0292	/	/
	90	0.9319	/	0.0568	/	/
9.1	25	0.9974	/	0.0228	/	/
	40	1.0022	/	0.0241	/	115
	50	1.0032	405	0.0278	415	/
	60	1.0045	305	0.0301	320	/
	70	0.9612	305	0.0475	315	/
	80	0.8826	305	0.0634	315	/
	90	0.8656	305	0.0686	275	/
13.4	25	0.9990	/	0.0229	/	/
	40	1.0044	/	0.0313	/	65
	50	0.9943	380	0.0379	390	/
	60	0.9741	325	0.0432	315	/
	70	0.9572	340	0.0539	305	/
	80	0.8819	330	0.0674	290	/
	90	0.8565	285	0.0924	280	515

试样初始含水率/%	温度/℃	相对贮存模量最终值	相对贮存模量二次降低的起始时间/min	损耗因子最大值	损耗因子增大的起始时间/min	力学损耗峰出现的时间/min
16.5	25	0.9981	/	0.0243	/	/
	40	0.9940	/	0.0323	/	/
	50	0.9788	335	0.0389	335	/
	60	0.9741	335	0.0436	320	/
	70	0.9507	310	0.0584	300	/
	80	0.8719	295	0.0758	295	/
	90	0.8415	120	0.0957	205	490
19.4	25	1.0002	/	0.0246	/	/
	40	0.9934	/	0.0284	/	/
	50	0.9734	290	0.0408	330	/
	60	0.9624	270	0.0479	320	/
	70	0.9456	280	0.0601	300	/
	80	0.8622	270	0.0789	275	495
	90	0.8388	115	0.0972	175	475

8.4.3 湿热耦合作用过程的损耗因子时间谱

图 8-7 为不同含水率木材试样在一系列恒定温湿度场下的损耗因子时间谱。对于全干材，在 25～50℃时，损耗因子值在整个热作用过程中基本保持不变；在 60～90℃恒温过程中，损耗因子值在热作用初始阶段呈下降趋势。这表明，在实验初期阶段，试样从室温加热至测试目标温度，在新的热环境中，木材结构逐渐趋于新的稳态。在损耗因子值降至最低点以后，随着热作用时间的延长，损耗因子值继而又逐渐增大。分析其原因：木材在热作用过程中不断从外界获取热量，激发了木材分子的链段运动，随着热作用时间的延长，链段运动逐渐增强，能量耗散也随之增加，表现为损耗因子值增大。表 8-1 中列出了不同含水率木材在一系列恒定温湿度场中热作用过程的损耗因子最大值。从表中可以看到，损耗因子值随着温度的升高和木材含水率的增加而增大。

对于含水率为 5.9%～13.4%的木材试样，可在 40～60℃温度域内观察到 1 个力学损耗峰，这是由于木材中的半纤维素发生了湿热软化引起的（Backman and Lindberg，2001；Mano 2002；蒋佳荔和吕建雄，2006）。随着木材含水率的增加，半纤维素发生玻璃化转变的温度降低：含水率为 5.9%的木材试样发生半纤维素软化的温度为 50℃和 60℃，而含水率为 9.1%和 13.4%的木材试样发生半纤维素软化的温度为 40℃。力学损耗峰出现的时间列于表 8-1，从表中可以看到：在含水

0 MC-0 RH　　　　　　　　　　**5.9%MC-33%RH**

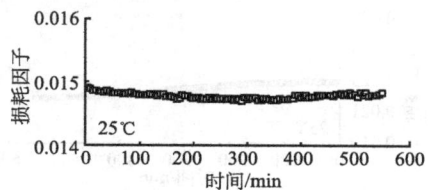
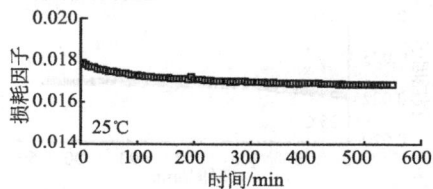

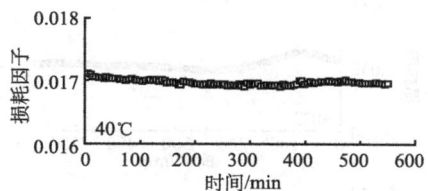
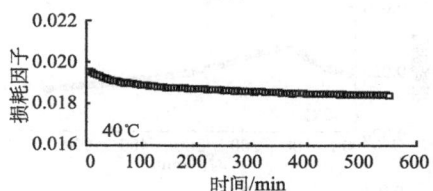

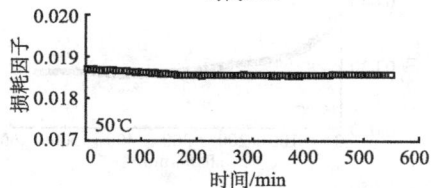
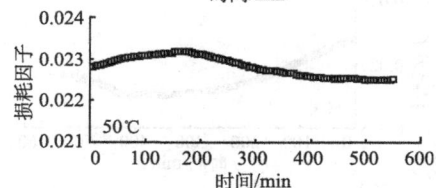

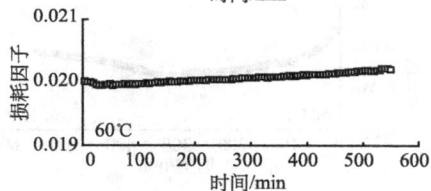
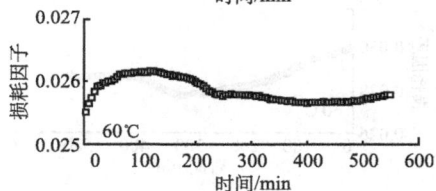

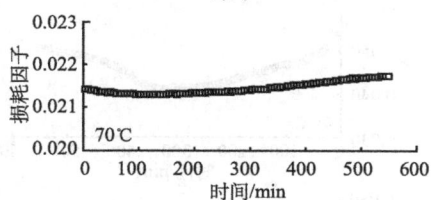
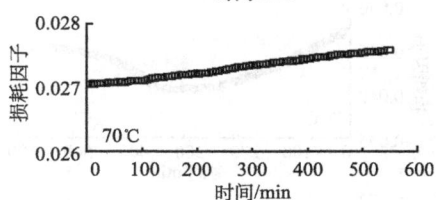

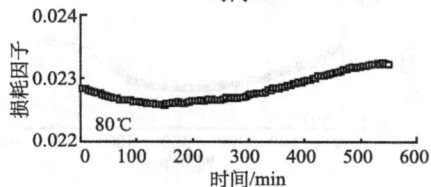
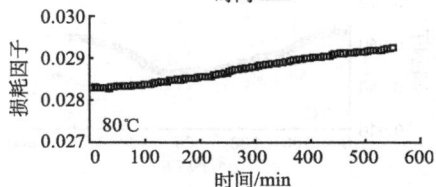

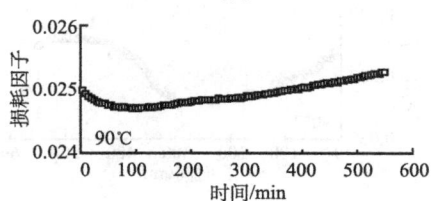
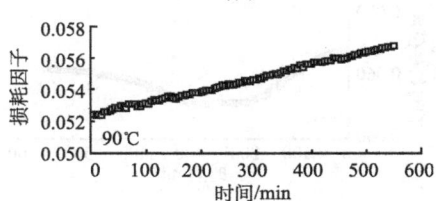

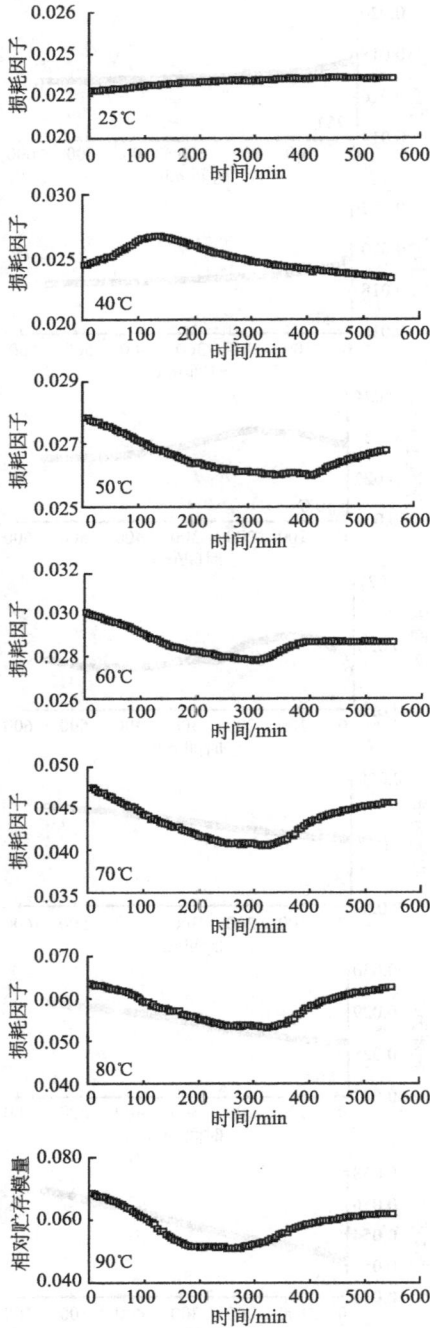

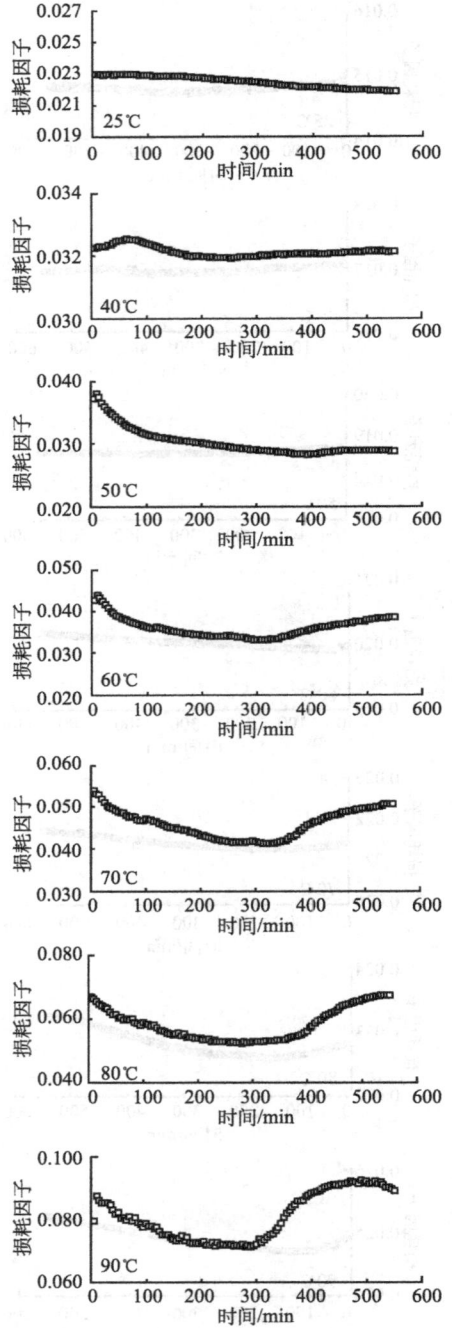

9.1%MC-58%RH　　　　　　　　　　**13.4%MC-76%RH**

16.5%MC-86%RH　　　　　　　　　　　　　**19.4%MC-93%RH**

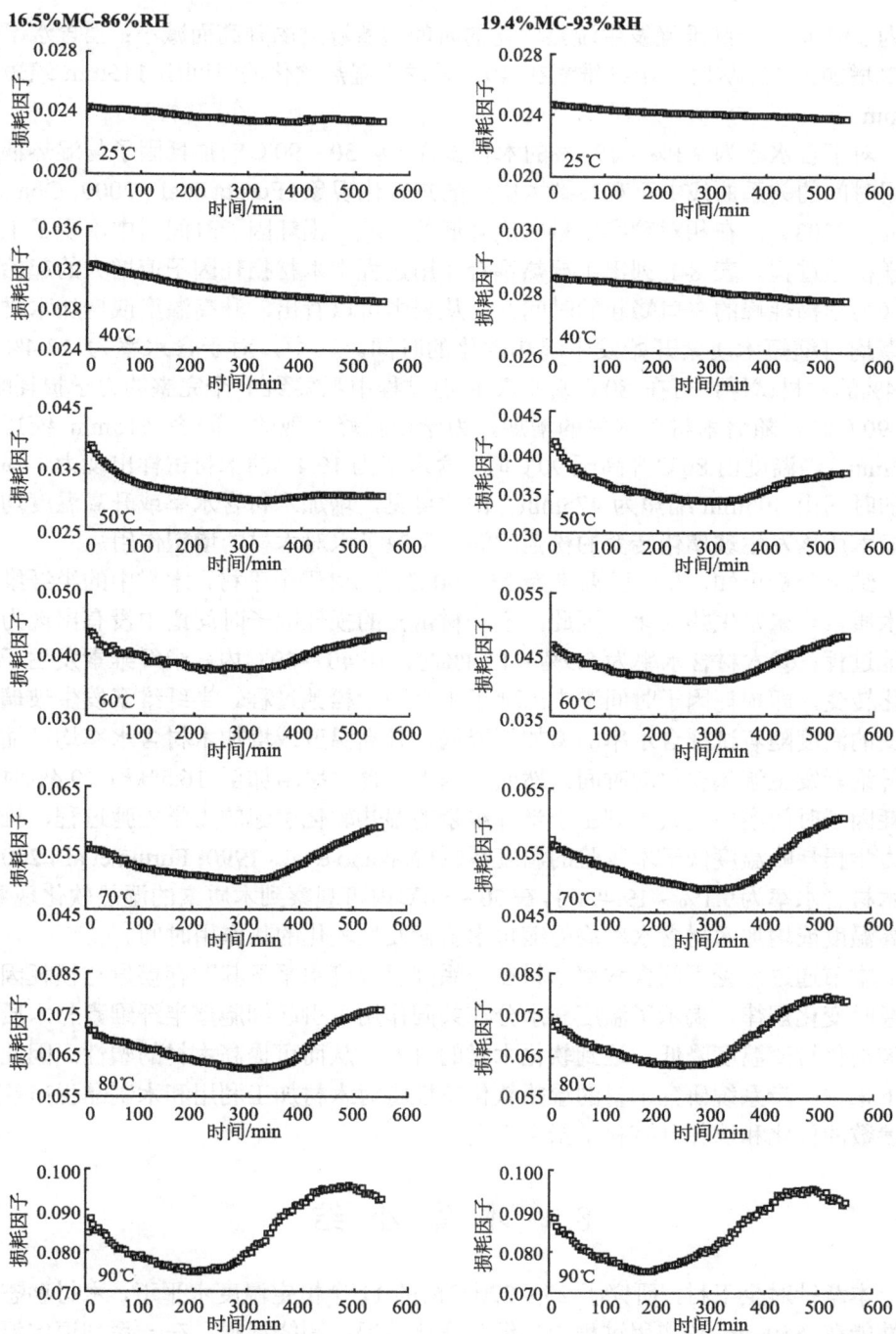

图 8-7　一系列恒定温湿度场中不同含水率木材的损耗因子时间谱

率为 5.9%时，半纤维素发生湿热软化的时间随着温度的升高而减小；当含水率由 9.1%增加到 13.4%时，半纤维素在 40℃时发生湿热软化的时间由 115min 缩短为 65min。

对于含水率为 9.1% ~ 19.4%的木材试样，从 50 ~ 90℃的损耗因子与湿热耦合作用时间的关系曲线中可观察到木质素的热软化现象（Furuta et al.，2000；Obataya et al.，2003）。在相对贮存模量二次降低的区域，损耗因子时间谱中出现了 1 个力学松弛过程。表 8-1 列出了湿热耦合作用过程中木材损耗因子值增大的起始时间（力学损耗峰的左肩峰起始时间）。从表中可以看出，升高温度或增加木材含水率均可缩短木质素开始发生湿热软化的时间。其中，对于含水率为 13.4% ~ 19.4%的木材试样，可在 80℃或 90℃恒温过程中观察到 1 个完整的力学损耗峰：在 90℃时，随着木材含水率的增加，力学损耗峰出现的时间由 515min 缩短为 475min；当温度由 80℃升高至 90℃时，含水率为 19.4%的木材试样出现力学损耗峰的时间由 495min 缩短为 475min。由此可见，增加木材含水率或升高温度均可缩短木质素发生玻璃化转变的松弛时间，反映了水对木材的增塑作用。

综上分析可知，在实验温度为 25 ~ 90℃：①对于全干材，木材中的半纤维素和木质素均未发生热软化，因此，全干材试样的损耗因子时间谱中没有出现力学松弛过程；②木材含水率为 5.9% ~ 13.4%时，在 40 ~ 60℃内，半纤维素发生了玻璃化转变，即损耗因子时间谱中出现了 1 个力学松弛过程。半纤维素发生玻璃化转变的温度随着试样含水率的增加而降低，升高温度或增加木材含水率均可缩短半纤维素发生湿热软化的时间。然而，当木材含水率增加至 16.5%和 19.4%时，损耗因子时间谱中观察不到由于半纤维素的湿热软化引起的力学松弛过程，推测其力学损耗峰温度低于本实验的温度范围（Nakano et al.，1990；Furuta et al.，2001）；③木材含水率为 9.1% ~ 19.4%时，在 50 ~ 90℃内可观察到木质素的湿热软化现象，升高温度或增加木材含水率均能缩短木质素发生软化的热作用时间。

本节通过讨论不同含水率木材在一系列温湿度水平下其贮存模量与损耗因子的经时变化规律，揭示了温度和水分在共同作用可引起细胞壁半纤维素与木质素的玻璃化转变温度降低，达到软化木材的目的，从而可提高木材的塑性。因此，接下来进一步系统研究木材的湿热软化特性将对木材加工利用和木制品生产等工艺参数的优化和选择具有科学指导意义。

8.5　本　章　小　结

本章针对全干材，研究了 25 ~ 220℃内的 11 个恒定温度水平下，木材动态黏弹性能在 550min 热作用过程中的经时变化情况；围绕湿材，在一系列恒定温湿度场（温度：25 ~ 90℃，湿度：0 ~ 93%RH）中，测定了不同含水率（0 ~ 19.4%）木材的贮存模量与损耗因子在 550 min 湿热耦合作用过程中的经时变化规律。主要结论有如下几点。

1）全干材动态黏弹性能时间谱的主要研究结论

（1）热作用温度和时间主要引起木材出现动态刚度降低、木质素热软化和细胞壁无定形聚合物热降解等一系列现象。

（2）在 25℃和 40℃恒温过程中，木材的贮存模量值基本保持不变。当温度高于 60℃时，贮存模量值随着温度的升高和热作用时间的延长而呈现出下降的变化趋势。升高温度与延长热作用时间对引起木材动态刚度下降的效果是一致的。

（3）当温度高于 180℃时，温度的升高会引起试样质量的显著下降，在 180℃、200℃和 220℃下热作用 550min 后，木材试样的质量损失分别达到 4%、9%和 18%，从而最终引起木材的动态刚度分别下降 35%、85%和 92%。

（4）损耗因子 tanδ 值随着温度的升高而增大。从 140℃、160℃和 180℃的损耗因子 tanδ 时间谱中均可观察到木质素的热软化现象，升高温度可以缩短木质素发生玻璃化转变的松弛时间。当温度高于 180℃时，木材细胞壁无定形聚合物发生热降解是影响木材黏弹性能的一个主要因素。

2）湿材动态黏弹性能时间谱的主要研究结论

（1）湿热耦合作用主要引起木材出现动态刚度降低、半纤维素发生玻璃化转变和木质素热软化等一系列现象；

（2）当木材含水率为 5.9% ~ 13.4%时，可在 40 ~ 60℃内观察到半纤维素的湿热软化现象；对于含水率为 9.1% ~ 19.4%的木材试样，当温度高于 50℃时，可观察到木质素的湿热软化现象，升高温度或增加木材含水率可缩短半纤维素和木质素发生玻璃化转变的松弛时间。

第9章　木材动态黏弹性能频率谱

9.1　引　　言

在木材干燥、木材热处理和人造板热压等工艺中，木材会经历环境温度的急剧变化。木材从一种平衡态通过分子热运动，达到与外界条件相适应的新的平衡态。由于木材自身构造的复杂性，尽管木材的温度已与环境温度相一致，但木材内部结构仍处于非稳定态，具有滞后性（Kudo et al.，2003；Kamei et al.，2004；Ooi et al.，2005）。与在一定温度下长期放置的木材相比，当木材经历温度急剧变化时，其力学性质会发生明显的改变（Kudo et al.，2003；Kamei et al.，2004；Ooi et al.，2005；Wang et al.，2006；2007）。

此外，木材动态黏弹行为的表现取决于所施加的载荷频率，过去人们在研究木材的动态黏弹性能时，往往只考虑其在单一频率或几个散点频率下的响应（Birkinshaw et al.，1986；Kelly et al.，1987；Furuta et al.，2001；Mano.，2002；Placet et al.，2007；Jiang et al.，2008b）。迄今为止，关于宽阔频率范围内木材动态黏弹性能方面的研究接近空白。

本章在 25～220℃ 内的不同恒定温度水平下，研究了木材的贮存模量 E'、损耗模量 E'' 和损耗因子 $\tan\delta$ 随着测量频率（0.1~100Hz）变化的情况。此外，为了弄清楚温度急剧变化对木材动态黏弹行为的影响及其机制，本章还对在一定温度下平衡一段时间的试样（称为稳态试样）和经历温度急剧变化的试样（称为非稳态试样）的动态黏弹特性之间的差异进行了比较。

9.2　材料与方法

9.2.1　试样制备

试样制备同 5.2.1。

在室温（18~22℃）下，将生材试样放入装有五氧化二磷（P_2O_5）的干燥器中进行干燥，直至试样在 24 h 内的质量变化小于 0.1%时，干燥结束。经 P_2O_5 干燥后木材试样的含水率约为 0。将 P_2O_5 干燥试样按测定的温度水平分为 11 组，每组包含 6 个试样。其中，3 个试样（稳态试样）在任一目标温度下平衡一段时间后进行动态黏弹性测定，而另外 3 个试样（非稳态试样）经历温度急剧变化后在任一目标温度下进行动态黏弹性测定。

9.2.2　动态黏弹性能频率谱测定

采用 DMA（dynamic mechanical analysis）动态力学分析仪（美国 TA 公司）进行测试。采用单悬臂梁弯曲形变模式，跨距 17.65mm，夹具力矩为 80N·cm。木材试样的径面受夹持沿弦向弯曲，试样形变示意图见图 5-2。在黏弹性测定前，通过动态应变扫描实验来选择线性黏弹区域相近的木材试样，并根据临界应变值来确定施加到试样上的应变量/振幅值。本实验的动态载荷振幅为 15μm。

稳态试样的动态黏弹性能频率谱测定分别在 11 个恒定温度（25℃、40℃、60℃、80℃、100℃、120℃、140℃、160℃、180℃、200℃和 220℃）下进行。试样在目标温度下平衡 30min（200℃和 220℃时的平衡时间为 15min，目的是避免长时间高温过程导致试样的热降解加剧）测定其动态黏弹性能频率谱。对于非稳态试样的动态黏弹性能频率谱测定，将室温下的试样以 30℃/min 的升温速率分别快速加热至 10 个目标温度：40℃、60℃、80℃、100℃、120℃、140℃、160℃、180℃、200℃和 220℃，到达目标温度后立即进行频率扫描实验。在动态黏弹性能频率谱测定过程中，动态载荷振幅固定，载荷频率以对数递减的方式从 100Hz 减小至 0.1Hz。每一个频率扫描实验持续时间约为 55min。获得不同目标温度下稳态试样与非稳态试样的贮存模量 E'、损耗模量 E'' 和损耗因子 tanδ 随着载荷频率变化的情况。

9.3　稳态试样的动态黏弹性

图 9-1 是稳态试样在不同恒定温度水平（25℃、40℃、60℃、80℃、100℃、120℃、140℃、160℃、180℃、200℃和 220℃）下的贮存模量 E'、损耗模量 E'' 和损耗因子 tanδ 频率谱。从图 9-1（a）可以看出，在任一温度下，试样的贮存模量 E' 值均随着测量频率的增加而增大；与其他温度相比， 200℃和 220℃时的 E' 值随频率的变化幅度较大。而在某一特定的测量频率下，贮存模量 E' 值则随温度的升高而降低。贮存模量 E' 值随温度和频率的变化规律与前人的研究报道是一致的（Furuta et al.，2001；Placet et al.，2007；Jiang et al.，2008a）。Quis（2002）指出，对于所有的黏弹性固体材料，其弹性模量均随测量频率的增加而增大。一般来说，材料的力学松弛行为受测量频率和温度的共同影响（何曼君等，2000）。随着测量频率的增加，木材的链段运动滞后于外力变化的程度增大，内耗减小，材料刚性增强，表现出玻璃态的力学性质，在宏观上表现为动态模量升高。

本章仅对损耗因子 tanδ 的频率谱进行探讨。从图 9-1（c）中可以看出，损耗因子 tanδ 的极小值均出现在 10～30Hz 内，这表明木材的松弛行为在此频率域内

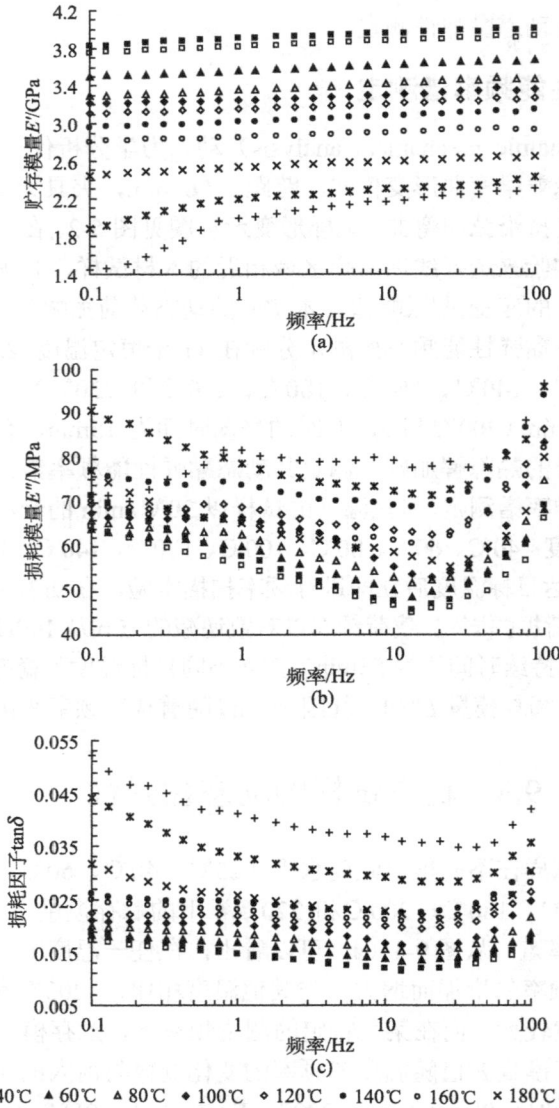

■25℃　□40℃　▲60℃　△80℃　◆100℃　◇120℃　●140℃　○160℃　×180℃　✳200℃　+220℃

图 9-1　不同温度下稳态试样的贮存模量 E'（a）、损耗模量 E''（b）和损耗因子 $\tan\delta$（c）频率谱

发生了明显变化。随着测量频率由 10Hz 降低至 0.1Hz，损耗因子 $\tan\delta$ 值呈现出增大的变化趋势，说明木材链段运动的松弛时间小于与该频率域相对应的实验观察时间。测量频率降低意味着交变应力周期性变化的时间延长，可以观测到松弛时间更长的运动单元的松弛转变行为（Lenth and Kamke, 2001）。在图 9-1（c）中，

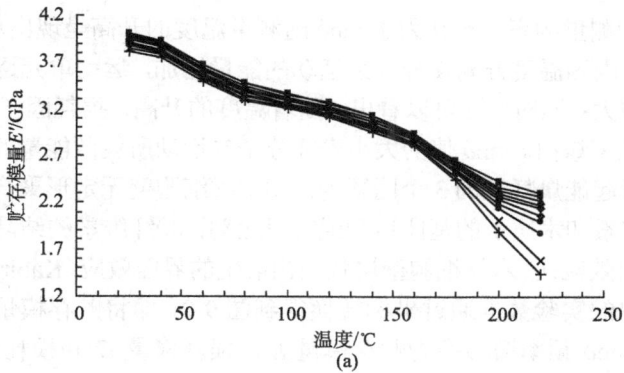

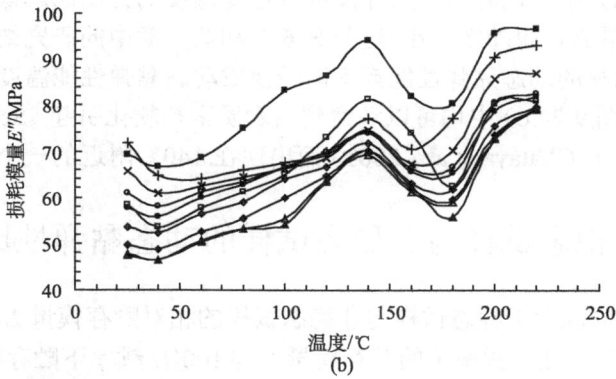

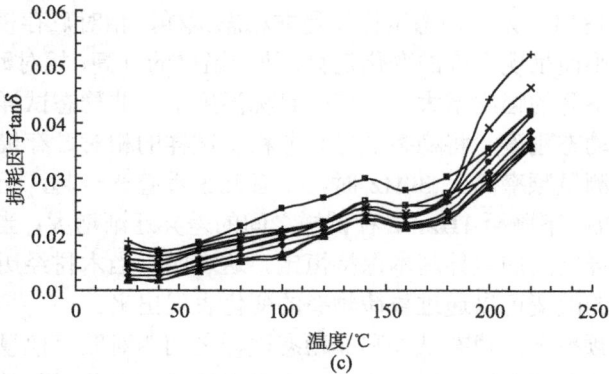

图 9-2　不同测量频率下稳态试样的贮存模量 E'（a）、损耗模量 E''（b）和损耗因子 $\tan\delta$（c）温度谱

由图 9-1 中的实验数据转换坐标重新绘制得到

对于某一特定的测量频率，损耗因子 tanδ 随测量温度的升高呈现出总体上增大的变化趋势，这是因为温度升高使分子热运动的能量增加，运动单元逐渐处于活化状态，能量耗散增大；同时，还可以看出，随着温度的升高，损耗因子 tanδ 的极小值出现在更高的频率域内。tanδ 值的大小表征分子热运动所耗散能量的高低。一般来说，木材中会引起能量耗散的 3 个因素为：①木材细胞壁无定形聚合物，即无定形纤维素、半纤维素和木质素的基团运动或链段运动；②纤维素的结晶区与无定形区之间产生的界面效应；③木材细胞壁层状结构衍生的界面效应（Kabir et al.，2001）。

　　将图 9-1 中的实验数据通过坐标转换得到图 9-2，即将贮存模量 E'、损耗模量 E'' 和损耗因子 tanδ 频率谱转换为贮存模量 E'、损耗模量 E'' 和损耗因子 tanδ 温度谱。从图 9-2（a）中可以看出，贮存模量 E' 值随温度的升高而降低；当测量频率降低时，贮存模量 E' 值也随之减小。这与第 6 章和第 7 章中的研究结论是一致的，也就是说，将木材的动态黏弹性能频率谱转换成动态黏弹性能温度谱是可行的。从图 9-2（b）和图 9-2（c）中均可以观察到由木质素热软化引起（Schaffer，1973；Furuta et al.，2000；Obataya et al.，2003）而出现在 140℃附近的一个力学损耗峰。

9.4　稳态试样与非稳态试样的动态黏弹性比较

　　图 9-3 为不同温度下稳态试样与非稳态试样的相对贮存模量 E'/E_0' 频率谱。相对贮存模量 E'/E_0' 为任一频率下的贮存模量 E' 与 100Hz 频率下贮存模量 E_0' 的比值。从图 9-3 中可以看出，无论稳态试样还是非稳态试样，相对贮存模量 E'/E_0' 值均随测量频率的减小而呈现下降的变化趋势；随着温度的升高，相对贮存模量 E'/E_0' 值随频率减小而下降的幅度增大。在任一目标温度下，非稳态试样的动态刚度均低于稳态试样的动态刚度。将稳态试样和非稳态试样的相对贮存模量 E'/E_0' 值进行比较发现：当测量频率高于 30Hz 时，二者几乎重叠在一起，无明显差异；随着测量频率由 30Hz 下降至 1Hz，2 种试样之间的差异逐渐增大；当频率降至 1Hz 以下时，2 种试样之间的差异基本保持恒定。这表明，当木材经历温度急剧变化后，其动态刚度的改变可以通过载荷频率的变化表现出来。

　　在同一测量频率下，稳态试样和非稳态试样之间相对贮存模量 E'/E_0' 值的差异可以用刚度降低率来表征。图 9-4 表示由于温度急剧变化引起的试样刚度降低率与温度之间的关系。在 0.1Hz、1Hz 和 10Hz 3 个测量频率下，刚度降低率与温度之间的关系曲线具有相似的特征：在 40 ~ 200℃内，刚度降低率随着温度的升高呈波动式增大。这表明，随着温度的升高，非稳态试样的不稳定化程度增大。有报道指出，与恒定温度条件下的蠕变量相比，温度升高过程的蠕变量明显提高，即随着温度的升高，木材的弹性降低而黏流性能增大（Kitahara and Yukawa，1964；

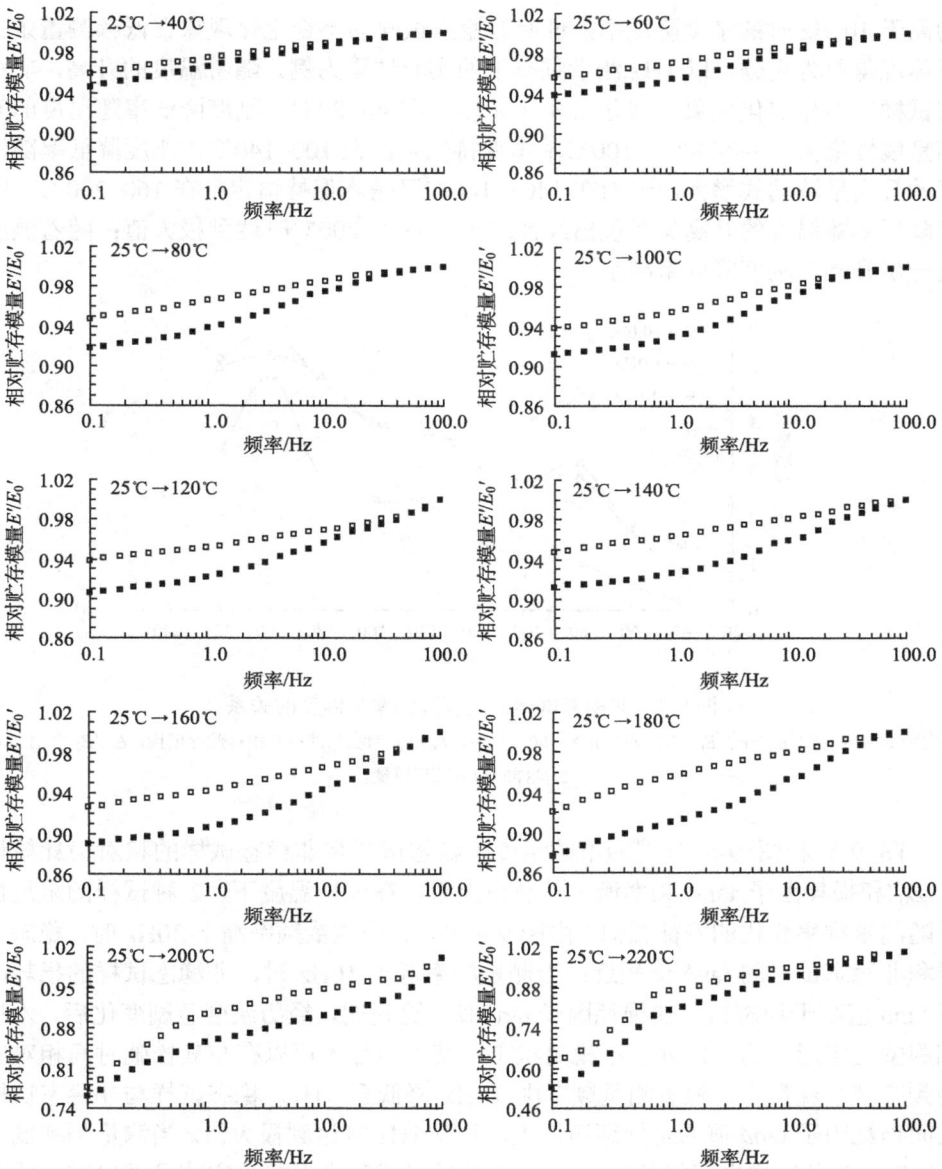

图 9-3 不同温度下非稳态试样（■）和稳态试样（□）的相对贮存模量 E'/E_0' 频率谱

相对贮存模量 E'/E_0'：E' 和 E_0' 分别为任一频率和 100Hz 时的贮存模量

Arima，1972）。在 220℃时，刚度降低率减小，是由于在高温条件下木材细胞壁中的多糖类物质发生了剧烈热降解（Alén et al.，2002），使得稳态试样与非稳态试样刚度性质的差异减小所致。非稳态试样在 0.1Hz 和 1Hz 时的刚度降低率相近，均高于 10 Hz 时的刚度降低率，说明非稳态试样的不稳定化现象在低频测量条件下体现得更为充分。以 1Hz 测量频率下的实验结果为例，随着温度的升高，非稳态试样的不稳定化现象可划分为 4 个阶段：在 40~80℃，刚度降低率随温度的升高呈线性增大，并在 80 ~ 100℃基本保持恒定；在 100~140℃，刚度降低率随温度的升高呈波动式增大，继而在 140 ~ 160℃又基本保持恒定；在 160~200℃，刚度降低率随温度的升高又呈现出线性增大，并在 200℃时达到极大值；随着温度进一步升高，刚度降低率减小。

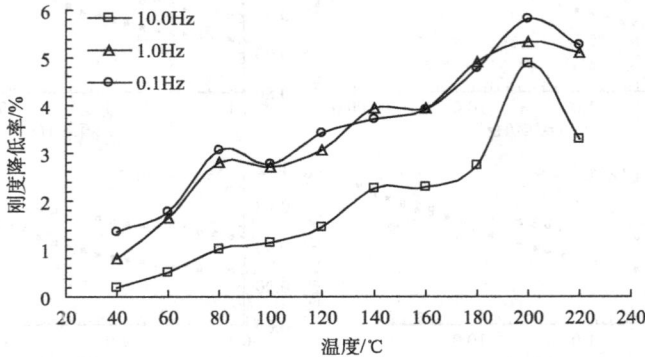

图 9-4　非稳态试样的刚度降低率与温度的关系

刚度降低率 $= [(E_c'/E_{0c}' - E_h'/E_{0h}')/(E_c'/E_{0c}')] \times 100$，其中，$E_c'/E_{0c}'$为稳态试样的相对贮存模量，$E_h'/E_{0h}'$为在非稳态试样的相对贮存模量

图 9-5 和图 9-6 分别为不同温度下稳态试样和非稳态试样的相对损耗模量 E''/E_0''和损耗因子 $\tan\delta$ 频率谱。从总体上看，在任一温度下，2 种试样的阻尼性质随测量频率变化的特征相似。由图 9-6 可知，当测量频率高于 30Hz 时，稳态试样和非稳态试样的 $\tan\delta$ 值相近；当测量频率低于 10Hz 时，非稳态试样的损耗因子 $\tan\delta$ 值高于稳态试样的损耗因子 $\tan\delta$ 值。这说明，经历温度急剧变化后，木材细胞壁无定形区的结构处于不稳定状态，其松弛行为可以在与其松弛时间相对应的频率域中观察到。随着测量频率由 10Hz 降低至 1Hz，稳态试样与非稳态试样之间损耗因子 $\tan\delta$ 值的差异逐渐增大，并在 1Hz 时达到极大值。当测量频率低于 1Hz 时，2 种试样之间损耗因子 $\tan\delta$ 值的差异或基本保持恒定或呈现出减小的变化趋势。在 1Hz 附近，对于非稳态试样，当温度高于 80℃时，均可以观察到一个微弱的松弛转变过程；而对于稳态试样，则只能在 100 ~ 140℃内观察到该松弛转变过程。

损耗因子 $\tan\delta$ 值越高，表明运动单元活化所需要的能量越大。在同一测量频率下，稳态试样与非稳态试样之间损耗因子 $\tan\delta$ 的差异用阻尼增加率来表征。图

9-7 表示由于温度急剧变化引起的试样阻尼增加率与温度之间的关系。在 0.1Hz、1Hz 和 10Hz 测量频率下,相应的阻尼增加率之间存在较大差异。在 40 ~ 80℃内,3 个测量频率下的阻尼增加率均随着温度的升高而增大。当温度高于 80℃时,在

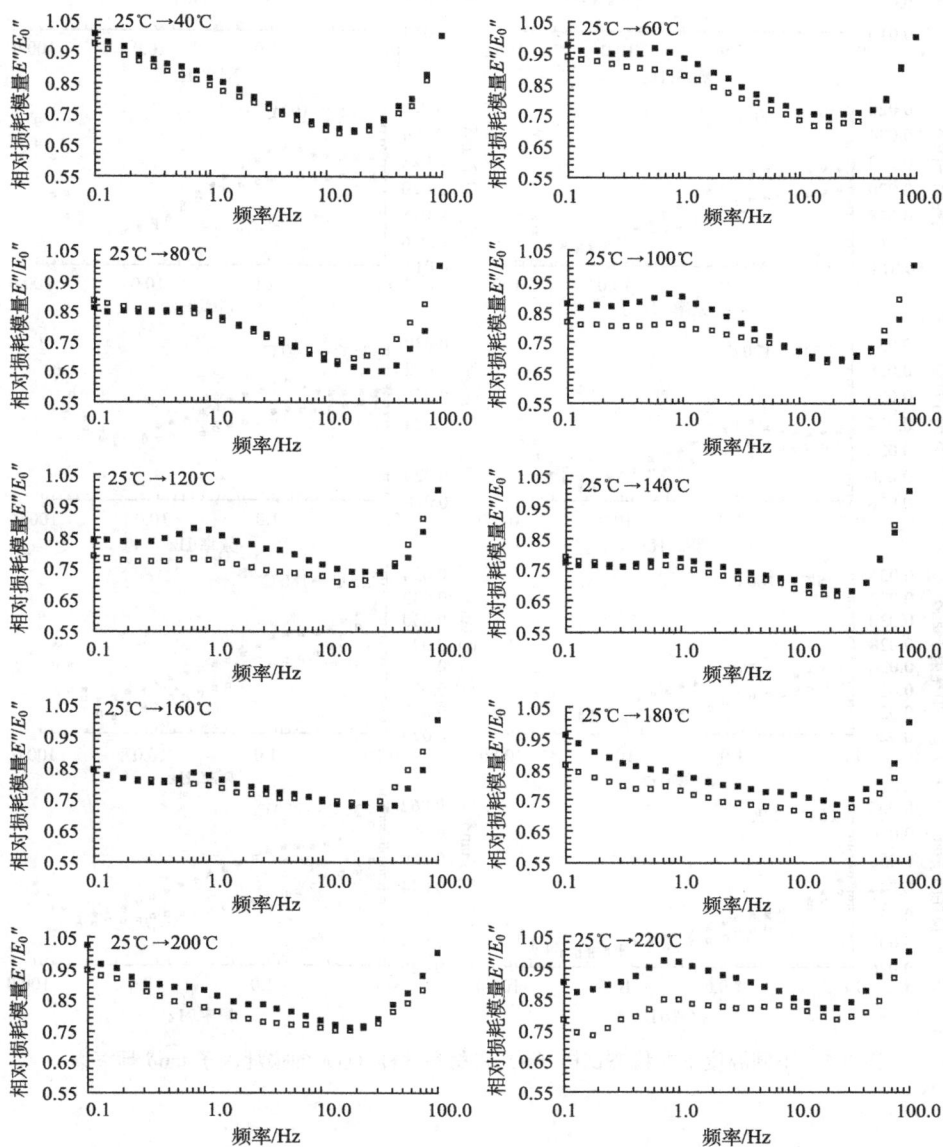

图 9-5　不同温度下非稳态试样（■）和稳态试样（□）的相对损耗模量 E''/E_0'' 频率谱

相对损耗模量 E''/E_0''：E'' 和 E_0'' 分别为任一频率和 100Hz 时的损耗模量

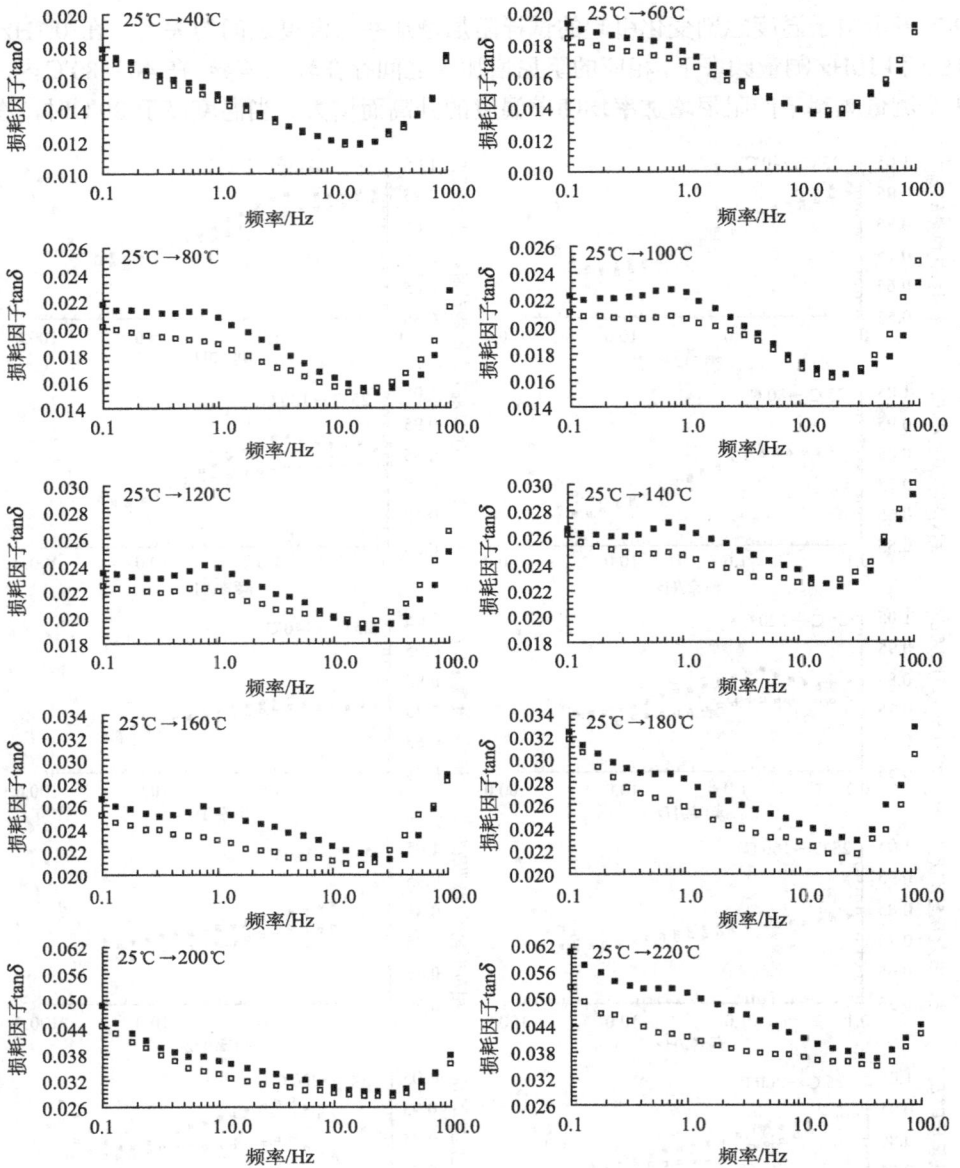

图 9-6　不同温度下非稳态试样（■）和稳态试样（□）的损耗因子 tanδ 频率谱

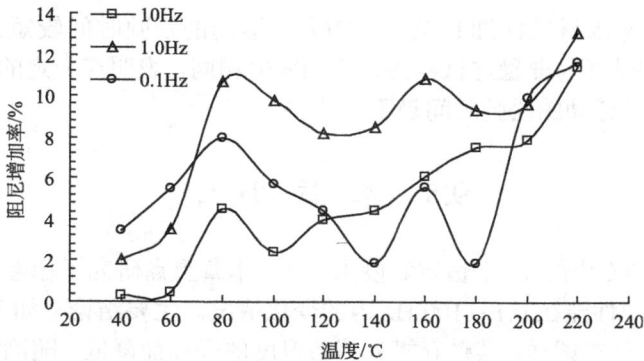

图 9-7　非稳态试样的阻尼增加率与温度的关系

阻尼增加率 $=[(\tan\delta_h-\tan\delta_c)/\tan\delta_c]\times100$，其中，$\tan\delta_c$ 为稳态试样的损耗因子，$\tan\delta_h$ 为非稳态试样的损耗因子

1Hz 测量频率下，阻尼增加率随温度的升高呈现出在水平位置波动变化的趋势；在 0.1Hz 和 10Hz 测量频率下，阻尼增加率与温度之间无明显规律性。这说明，经历温度急剧变化过程后，木材细胞壁内形成了不稳定化结构，促使木材分子的链段运动增加（Ooi et al.，2005）。不同测量频率之间阻尼性质的差异表明，木材的力学松弛行为取决于运动单元的松弛时间和测量频率。此外，阻尼增加率在 1Hz 时达到极大值，说明非稳态试样的不稳定化在该测量频率下表现得最为充分。

　　此外，从图 9-6 中还可以看出，稳态试样与非稳态试样的损耗因子 $\tan\delta$ 极小值出现的频率位置存在差异。为了进一步阐明这一现象，图 9-8 列出了稳态试样和非稳态试样在不同温度下的损耗因子 $\tan\delta$ 最小值所对应的特征频率。从图 9-8 中可以看出，2 种试样的特征频率随着温度的升高呈现出阶梯式上升的变化趋势。在 40～180℃内的任一温度水平下，非稳态试样的特征频率值比稳态试样的高。

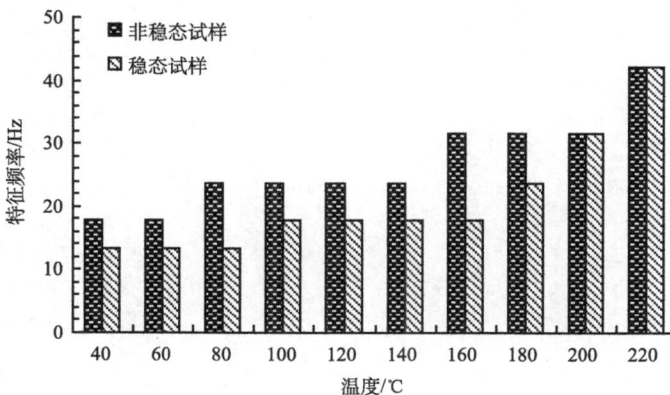

图 9-8　不同温度下非稳态试样和稳态试样损耗因子 $\tan\delta$ 的最小值所对应的特征频率

这说明，非稳态木材试样细胞壁聚合物分子运动的松弛时间较短。在 200℃和220℃时，稳态试样与非稳态试样的特征频率值相同，表明在一定的高温条件下2种木材试样分子运动的松弛时间趋于一致。

9.5　本 章 小 结

在 25～220℃内的 11 个恒定温度水平下，本章重点研究了稳态试样和非稳态试样的动态黏弹性能在 0.1～100 Hz 内的变化情况。主要结论有如下几点。

（1）对于稳态试样，其贮存模量值随温度的升高而降低，随测量频率的增加而增大。随着温度的升高，损耗因子的极小值所对应的特征频率移向高频方向。通过将木材的动态黏弹性能频率谱转换为动态黏弹性能温度谱，可观察到木质素的玻璃化转变温度约为 140℃。

（2）非稳态试样的动态刚度与阻尼分别低于和高于稳态试样的动态刚度与阻尼。这表明,经历温度急剧变化后，木材细胞壁无定形区内形成了不稳定结构。非稳态试样和稳态试样之间动态刚度的差异随温度的升高呈现出阶梯式上升的变化趋势，2 种试样阻尼性能的差异在 1Hz 时达到最大值。一般来说，非稳态试样的损耗因子最小值所对应的特征频率值比稳态试样高。由此推测，温度急剧变化引起木材细胞壁结构的不稳定化会加快分子链段运动的松弛过程

第10章 木材动态黏弹性的时温等效原理适用性分析

10.1 引 言

木材力学性能的多数实验都是基于其在短时间外力作用下的应变响应，如力学强度测定、蠕变测定、应力松弛测定和动态力学分析等。然而，在实际应用中，材料往往处在长期的外力作用下，因此其长期外力作用下的力学响应更具现实意义，可以用来评价材料的耐久性和尺寸稳定性。研究木材在一定温度条件下的动态力学性质和力学行为随时间的演变规律，需要解决的关键问题是如何将短时间内获得的实验数据、建立的数学模型与计算方法推广应用于预测木材长时间的力学响应中去。对于一些高聚物复合材料，借助时温等效原理是解决这一问题行之有效的方法之一（Ferry，1980）。

木材的时温等效性是指木材在较高温度、较短时间内的力学性质和力学行为与其在较低温度、较长时间内的力学性质和力学行为等效。即通过对木材的时间尺度和温度尺度的相关变化，达到其力学性质和力学行为的等效性，因而可以方便地在短时间内通过高温实验和理论分析科学地预测木材长期的力学性质演变规律。然而，对于木材这种复杂的高分子材料，由于其构造的非均匀性、各向异性及化学成分的多重性，将时温等效原理运用于木材要比一般高聚物的情况更为复杂和困难。这主要体现在以下 3 个方面（Jacem，1996）：① 木材性质对水分的依赖性；② 木材纤维素的高度结晶性；③ 木材具有出现在不同温度域的多个力学松弛过程。目前的观点普遍认为，木材的时温等效性在一定程度上是适用的，但适用的条件和范围有待进一步明确。

将时温等效原理运用于木材的研究始于 20 世纪 60 年代，最初主要是围绕着"时温等效原理是否能够运用于木材"这一主题展开的（Davidson，1962；Bach and Pentoney，1968）。随着研究的不断深入，研究者认为，时温等效原理不仅适用于高聚物（Ferry，1980），在一定程度上也适用于木材（Salmén，1984；Kelly et al.，1987；Samarasinghe et al.，1994；Bond et al.，1997；Lenth and Kamke，2001；Laborie et al.，2004；Placet et al.，2007）及木材与胶黏剂的复合体系（López-Suevos and Frazier，2005；2006）。Salmén（1984）首次证明，饱水木材在木质素玻璃化转变温度附近的力学行为遵循时温等效原理。Kelly 等（1987）指出，化学增塑处理木材的黏弹行为遵循时温等效原理。Salmén（1984）和 Kelly 等（1987）均证实了木材在木质素玻璃化转变温度以上的水平位移因子与温度的关系曲线可以用Williams-Landel-Ferry（WLF）方程描述。Lenth 和 Kamke（2001）在木材介电松弛行为的时温等效性方面进行了初步研究。Laborie 等（2004）采用木材的原位动态测定方法来研究木质素的热软化行为，并运用时温等效原理对该松弛转变过程进行描述。López-Suevos 和 Frazier（2005；2006）研究了 3 种不同交联程度的胶黏剂、胶黏剂与木材复合体系的动态黏弹性质，并运用时温等效原理合成主曲线来揭示木材与胶黏剂之间的相互作用，为评价木材的胶合耐久性提供了理论依据。国内研究者在木材横纹压缩（张红为，2010）、木材蠕变模拟（虞华强等，2007）和全干材动态黏弹性（蒋佳荔和吕建雄，2012）等方面对时温等效原理有一定的运用。

　　一般而言，温度和水分是影响木材黏弹性的 2 个重要因素。本章以不同含水率（0～19.4%）的木材为研究对象，对木材动态刚度和阻尼性能的时温等效性进行验证与分析。

10.2　材料与方法

10.2.1　试样制备

　　试样制备同 5.2.1。

10.2.2　全干材的制备

　　在室温（18～22℃）下，将生材试样放入装有五氧化二磷（P_2O_5）的干燥器中进行干燥，直至试样的质量在 24 h 内的变化小于 0.1%时，干燥结束。经 P_2O_5 干燥后，木材试样的含水率约为 0。

10.2.3　试样含水率调整

　　试样含水率调整同 5.2.2。

10.2.4　实验仪器

　　采用 DMA（dynamic mechanical analysis）动态力学分析仪（美国 TA 公司）进行测试与数据分析。在 DMA 中，驱动轴做上下振动向试样施加应力/应变，驱动轴由空气轴承托起形成"无摩擦"支撑的悬浮式驱动系统。驱动轴的运动通过光学编码盘来检测其位移。通过测定位移幅值、载荷幅值及位移与载荷间的相位角，可以直接计算出试样的贮存模量和损耗因子。获取基础数据后，采用仪器自带的 TTS 数据分析软件系统（TTS data analysis software systems）合成主曲线，并进行时温等效性分析。

10.2.5　基础数据测定

采用单悬臂梁弯曲形变模式，跨距为 17.65mm，夹具力矩为 80N·cm。木材试样的径面受夹持沿轴向弯曲，试样形变示意图见图 5-2。在黏弹性测定前，通过动态应变扫描实验来选择线性黏弹区域相近的木材试样，并根据临界应变值来确定施加到试样上的应变量/振幅值。本实验的动态载荷振幅为 15μm。

对于全干材，在 25~150℃内的 26 个恒定温度（25℃、30℃、35℃、40℃、45℃、50℃、55℃、60℃、65℃、70℃、75℃、80℃、85℃、90℃、95℃、100℃、105℃、110℃、115℃、120℃、125℃、130℃、135℃、140℃、145℃和 150℃）水平下，测定试样的贮存模量与损耗因子频率谱。对于湿材，在 25~90℃内的 14 个恒定温度（25℃、30℃、35℃、40℃、45℃、50℃、55℃、60℃、65℃、70℃、75℃、80℃、85℃和 90℃）和 5 个恒定相对湿度（33%、58%、76%、86%和 93%）条件下，测定试样的贮存模量与损耗因子频率谱。扫描频率均为 0.1 ~ 20Hz，获得一系列温度下的贮存模量-频率关系曲线和损耗因子-频率关系曲线。需要指出的是，在动态黏弹性测试中，木材的各个力学状态可以在恒定频率（时间的倒数）下的不同温度范围内表现出来，也可以在恒定温度下的不同频率范围内表现出来。因此，时温等效原理在动态力学性能中的定性表达为频率与温度等效。

10.2.6　数据分析

首先是选择合成主曲线的参考温度。对于全干材，在 25~150℃内，测量频率为 1Hz，升温速率为 2℃/min 的条件下测定试样的贮存模量与损耗因子温度谱，如图 10-1 所示。从损耗因子与温度的关系曲线上可以观察到出现在 135℃附近的

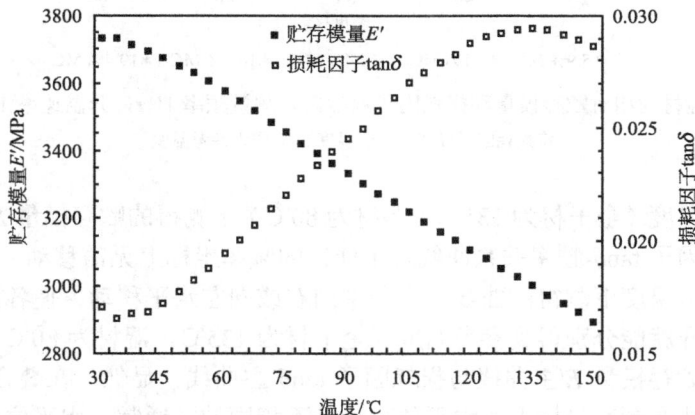

图 10-1　全干材的贮存模量和损耗因子温度谱（测量频率 1Hz，升温速率 2℃/min）
将损耗因子峰值对应的温度 135℃作为参考温度

一个力学损耗峰。选择 135℃作为绘制全干材主曲线的参考温度。对于湿材，在25~90℃内测量频率为 1Hz，升温速率为 1℃/min 的条件下测定试样的贮存模量与损耗因子温度谱，如图 10-2 所示。从不同含水率木材试样的损耗因子与温度的关系曲线上可以观察到出现在 70~80℃的一个力学损耗峰，选择 80℃作为绘制湿材主曲线的参考温度。

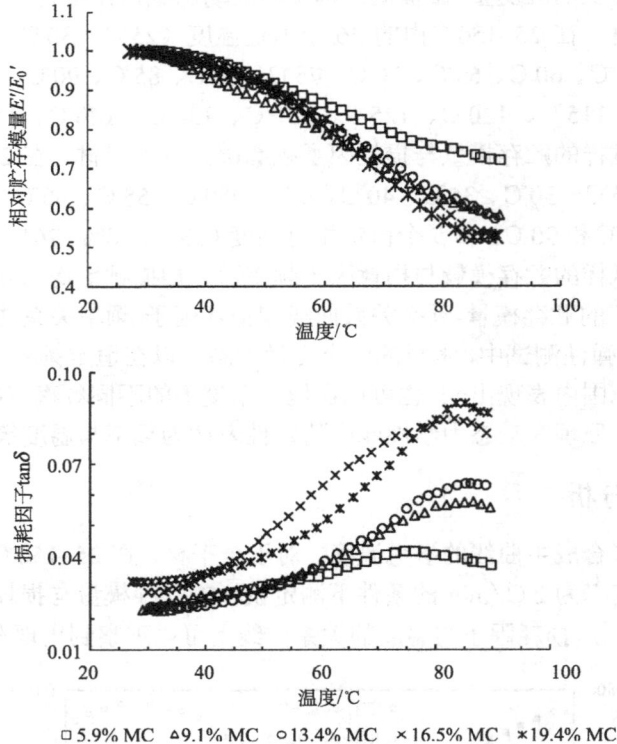

$$□\ 5.9\%\ MC\quad △\ 9.1\%\ MC\quad ○\ 13.4\%\ MC\quad ×\ 16.5\%\ MC\quad ✳\ 19.4\%\ MC$$

图 10-2　湿材的相对贮存模量和损耗因子温度谱（测量频率 1Hz，升温速率 1℃/min）
将损耗因子峰值对应的温度 80℃作为参考温度

　　在参考温度（全干材为 135℃，湿材为 80℃）下测得的贮存模量 E'-频率关系曲线和损耗因子 $\tan\delta$-频率关系曲线在主曲线的频率坐标上无需移动，而在高于或低于这一参考温度下测得的曲线，则分别向右或向左水平移动，使各曲线彼此叠合连接，这样就能分别得到参考温度（全干材为 135℃，湿材为 80℃）下宽阔频率范围内的贮存模量 E' 主曲线与损耗因子 $\tan\delta$ 主曲线。显然，在叠合主曲线时，各条实验曲线在频率坐标上的水平位移量是不相同的。通常，水平位移量与温度的关系曲线可以用 2 个数学模型来表征，即 WLF 方程和 Arrhenius 方程。

（1）WLF 方程的表达式为

$$\log a_{\mathrm{T}} = \frac{C_1(T - T_0)}{C_2 + (T - T_0)} \qquad (10\text{-}1)$$

式中，T_0 是参考温度；T 是测定温度；a_{T} 是水平移动因子。C_1 和 C_2 的值由式（10-1）通过水平移动因子与温度关系曲线的线性段求得。WLF 方程以玻璃化转变温度（T_{g}）以上的自由体积理论为基础。对于高聚物，WLF 方程的一般适用温度为 $T_{\mathrm{g}} \sim (T_{\mathrm{g}} + 100)℃$。

通过 WLF 方程的常数可以得到表观活化能 ΔE 计算式为

$$\Delta E = R \frac{\mathrm{d}(\log a_{\mathrm{T}})}{\mathrm{d}T} = 2.303 \left(\frac{C_1}{C_2} \right) RT_0^2 \qquad (10\text{-}2)$$

（2）Arrhenius 方程的表达式为

$$\log a_{\mathrm{T}} = \frac{\Delta E}{2.303R} \left(\frac{1}{T} - \frac{1}{T_0} \right) \qquad (10\text{-}3)$$

式中，ΔE 是松弛转变的表观活化能；R 是气体常数；T_0 是参考温度；T 是测定温度；a_{T} 是水平移动因子。Arrhenius 方程主要用于描述高聚物的次级松弛过程，也常常用来计算高聚物松弛转变过程的表观活化能。

Ferry（1980）指出，高聚物时温等效原理适用时必须具备 2 个前提条件：① 相邻的实验曲线通过在合理距离内的平移能够彼此连接叠合成光滑的曲线；② 生成主曲线的水平移动因子 a_{T} 与温度的关系曲线能够满足 WLF 方程式或 Arrhenius 方程式。本研究也将以这 2 个条件作为评价木材时温等效原理适用性的依据。

10.3　主曲线的合成

图 10-3 为木材在一系列实验温度（全干材为 25～150℃，湿材为 25～90℃，温度间隔为 5℃）下的贮存模量 E' 和损耗因子 $\tan\delta$ 频率谱（0.1～20 Hz）。从图 10-3 中可以看出，在任一含水率条件下，贮存模量 E' 和损耗因子 $\tan\delta$ 均随着温度的升高分别呈现出减小和增大的变化趋势。

表 10-1 和表 10-2 分别列出了全干材和湿材的贮存模量与损耗因子随温度和频率的变化范围。从表 10-2 中可以看出，一般，随着木材含水率的增加，贮存模量值降低，而损耗因子值增加。

A: 0 MC

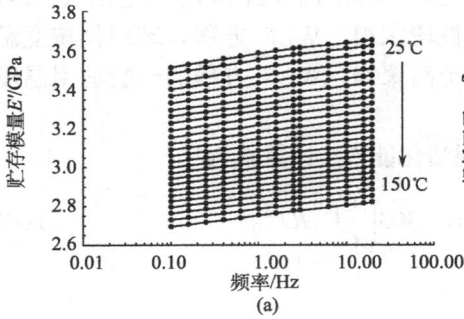

(a)

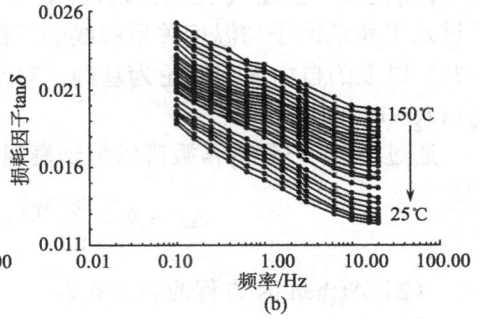

(b)

B: 5.9%MC

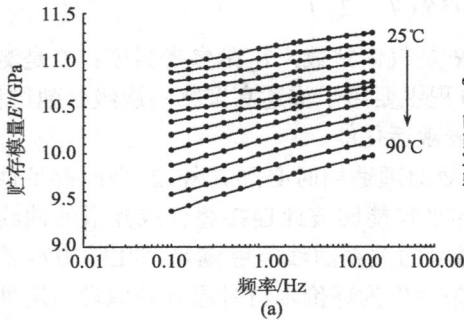

(a)

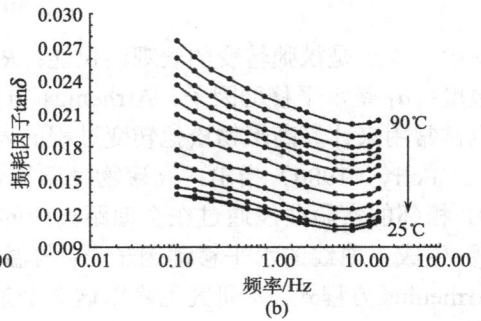

(b)

C: 9.1%MC

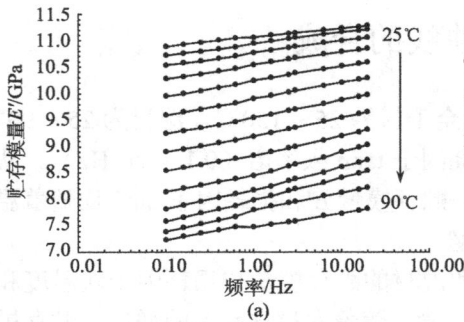

(a)

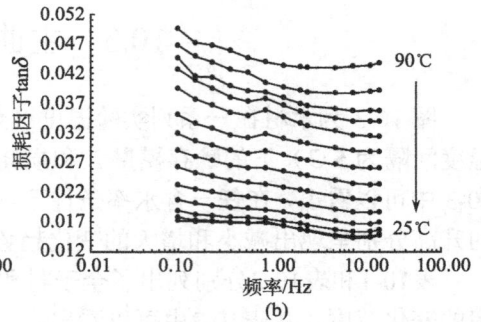

(b)

D: 13.4%MC

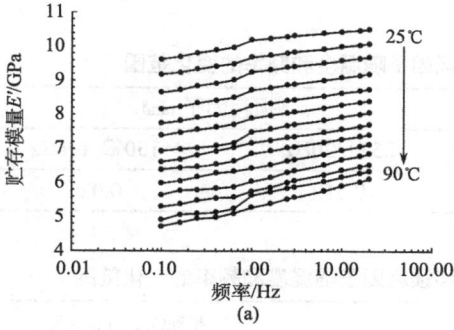

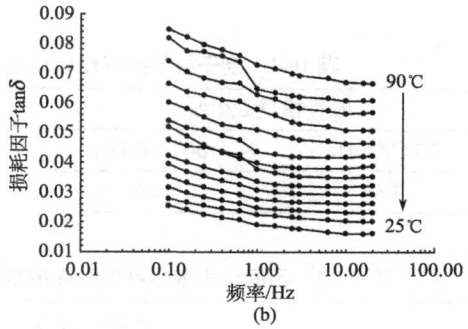

E: 16.5%MC

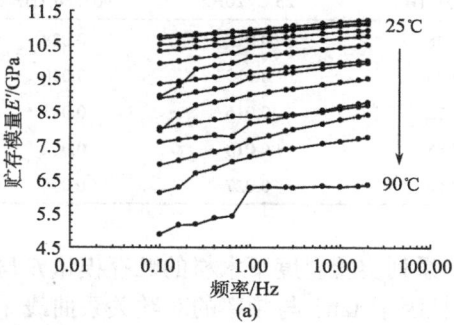

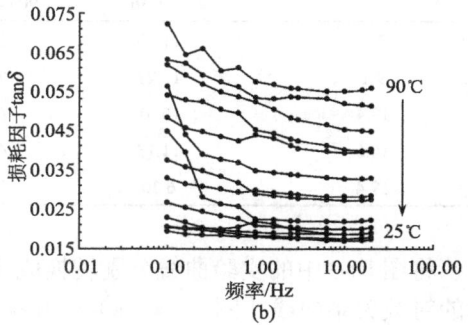

F:19.4%MC

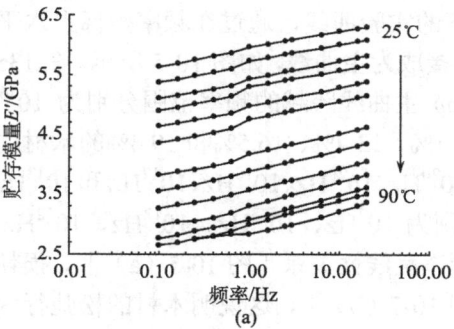

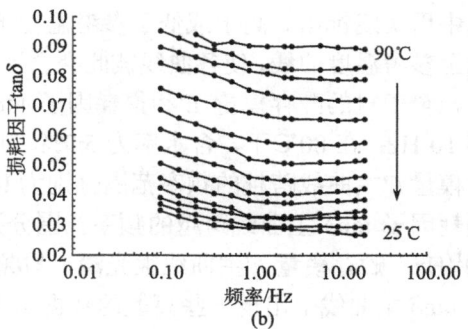

图 10-3　一系列恒定温度下不同含水率木材的贮存模量（a）和损耗因子（b）
动态频率扫描结果

表 10-1　全干材的贮存模量和损耗因子随温度和频率的变化范围

贮存模量 E'/GPa		损耗因子 $\tan\delta$	
25℃/20Hz	150℃/0.1Hz	25℃/20Hz	150℃/0.1Hz
3.65	2.69	0.019	0.025

表 10-2　不同含水率木材的贮存模量和损耗因子随温度和频率的变化范围

含水率/%	贮存模量 E'/GPa		损耗因子 $\tan\delta$	
	25℃/20Hz	90℃/0.1Hz	25℃/20Hz	90℃/0.1Hz
5.9	11.29	9.38	0.012	0.028
9.1	11.21	7.23	0.015	0.050
13.4	10.51	4.72	0.016	0.085
16.5	11.13	4.88	0.018	0.072
19.4	6.30	2.66	0.027	0.095

　　将图 10-3 中的实验曲线分别转换成一系列实验温度下木材的贮存模量 E' 与频率的对数关系曲线 [图 10-4 (a)] 和损耗因子 $\tan\delta$ 与频率的对数关系曲线 [图 10-4 (b)]，其中，参考温度（全干材为 135℃，湿材为 80℃）下的实验曲线在其中用实线标出。高于或低于参考温度下的实验曲线，通过在频率坐标上水平移动至参考温度曲线，使各曲线彼此叠合连接成为主曲线，如图 10-5 所示。在 135℃下，全干材的贮存模量 E' 和损耗因子 $\tan\delta$ 主曲线跨越的频率范围分别为 10^{16}Hz 和 10^5Hz；在 80℃下，含水率为 5.9%、9.1%、13.4%、16.5% 和 19.4% 的木材的贮存模量 E' 主曲线跨越的频率范围分别为 10^{20}Hz、10^{20}Hz、10^{16}Hz、10^{17}Hz 和 10^{13}Hz，损耗因子 $\tan\delta$ 主曲线跨越的频率范围分别为 10^7Hz、10^{13}Hz、10^{12}Hz、10^{12}Hz 和 10^{17}Hz。贮存模量 E' 主曲线很光滑，与频率呈线性关系 [图 10-5 (a)]。损耗因子 $\tan\delta$ 主曲线上出现一些离散的数据点 [10-7 (b)]，这说明木材的松弛行为随温度的变化并不均衡。木材可以视为由 3 种化学主成分（纤维素、半纤维素和木质素）构成的高分子聚合物，其黏弹性能受到细胞壁无定形聚合物和定向结晶聚合物（纤维素结晶区）性质的共同影响，在宏观上表现为木材在宽阔温度域内的多重松弛转变行为。从而导致木材呈现出复杂的阻尼性能，这也是图 10-5 (b) 中无法叠合出光滑的损耗因子 $\tan\delta$ 主曲线的原因之一。由此看来，时温等效原理在描述木材的阻尼性能时适用性较差。

A: 0MC (参考温度：135℃)

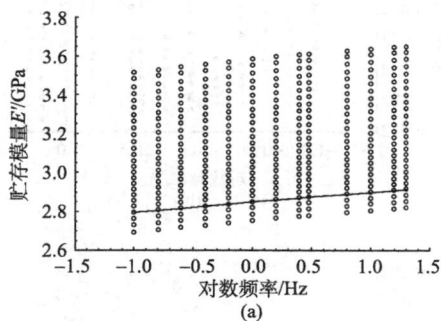

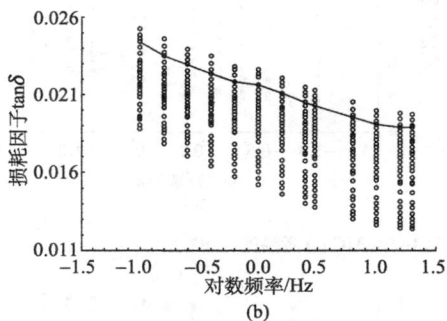

(a)　　　　　　　　　　　　　　　　　　(b)

B: 5.9%MC (参考温度：80℃)

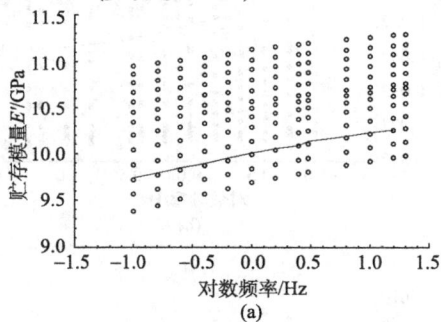

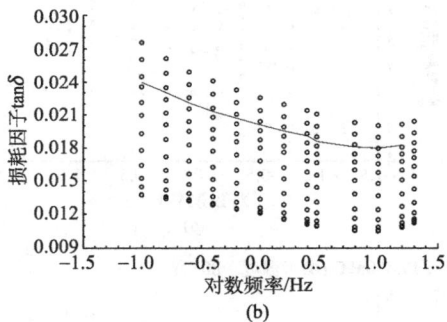

(a)　　　　　　　　　　　　　　　　　　(b)

C: 9.1%MC (参考温度：80℃)

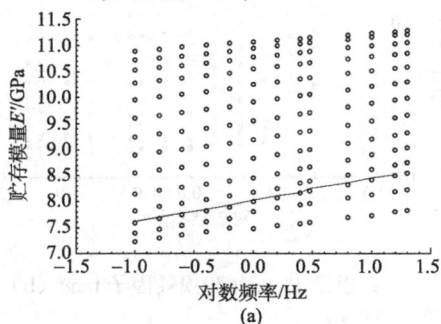

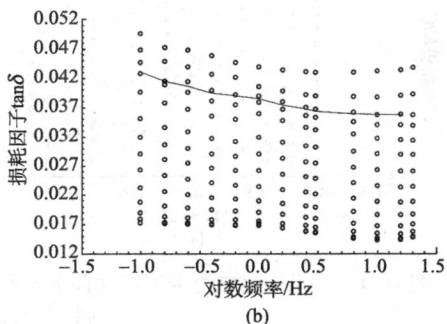

(a)　　　　　　　　　　　　　　　　　　(b)

D: 13.4%MC（参考温度：80℃）

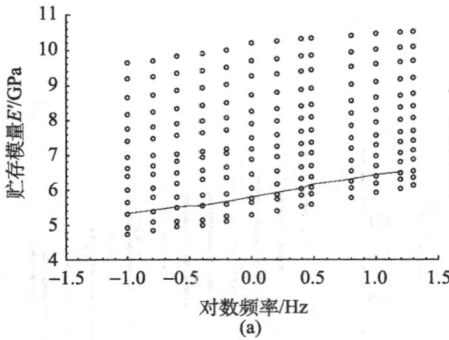
(a)

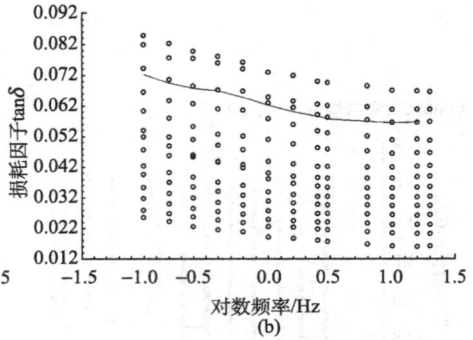
(b)

E: 16.5%MC（参考温度：80℃）

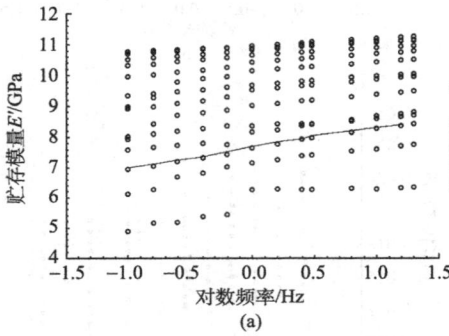
(a)

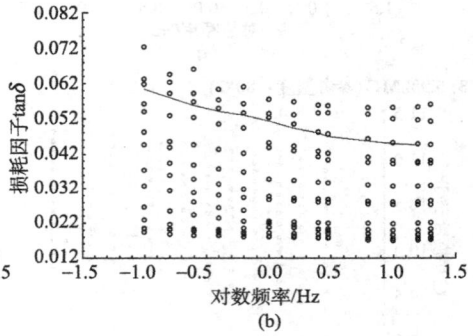
(b)

F: 19.4%MC（参考温度：80℃）

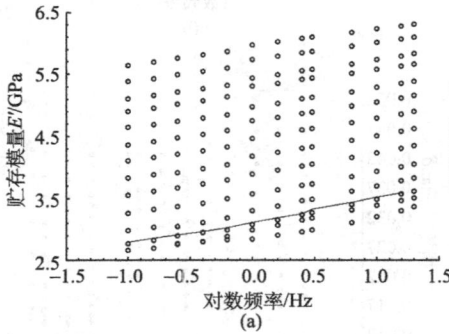
(a)

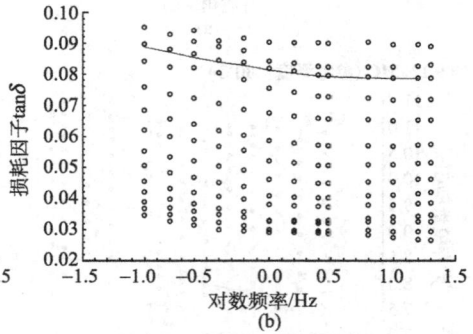
(b)

图 10-4　一系列恒定温度下不同含水率木材的贮存模量 E'（a）和损耗因子 tanδ（b）
与频率的对数关系曲线

A: 0 MC (参考温度：135℃)

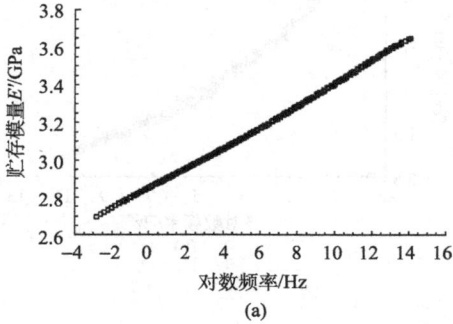

(a)

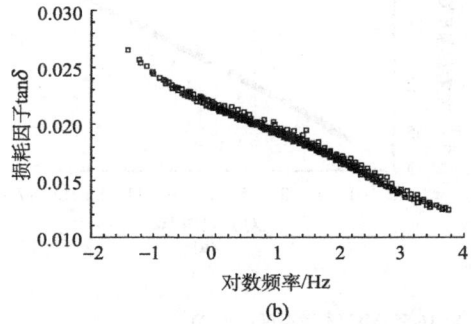

(b)

B: 5.9%MC (参考温度：80℃)

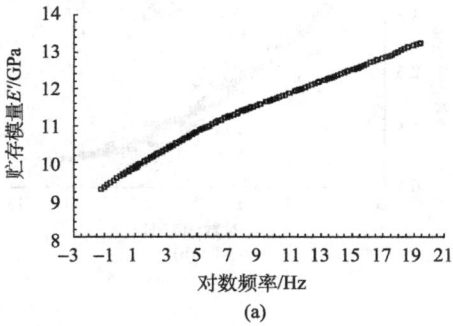

(a)

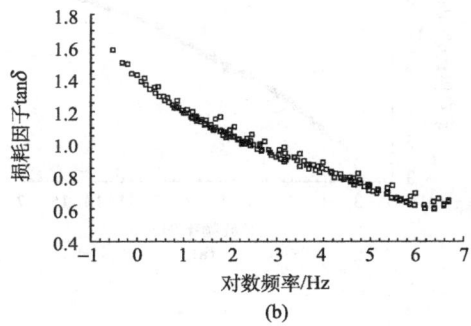

(b)

C: 9.1%MC (参考温度：80℃)

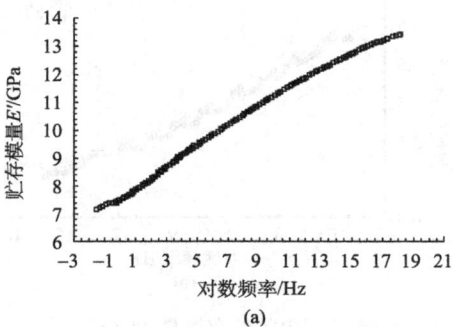

(a)

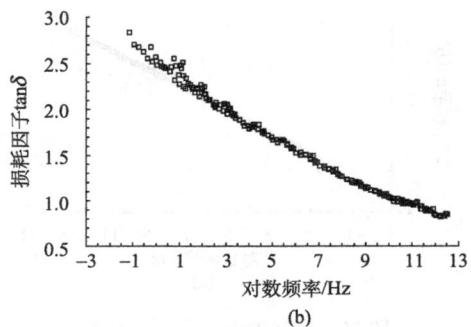

(b)

D: 13.4%MC (参考温度：80℃)

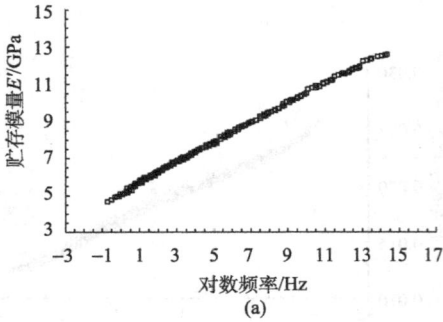

(a)

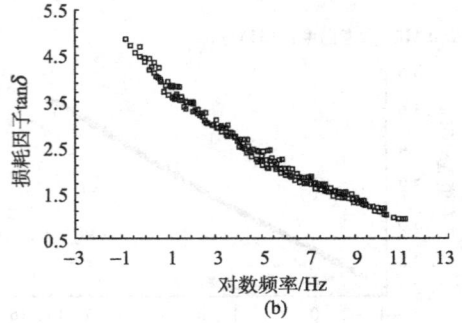

(b)

E: 16.5%MC (参考温度：80℃)

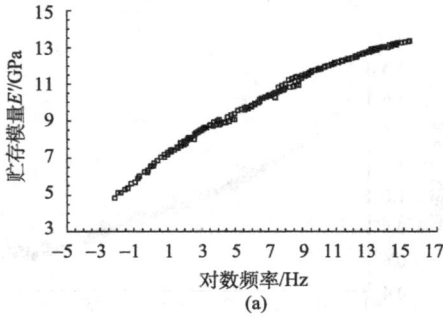

(a)

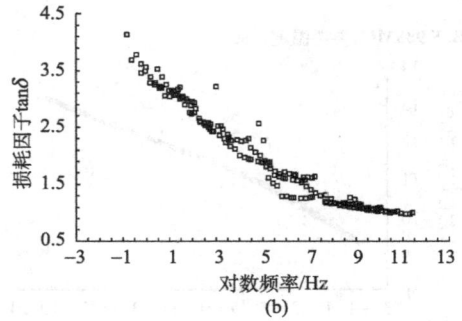

(b)

F: 19.4%MC (参考温度：80℃)

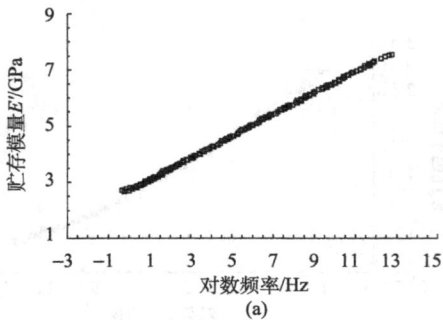

(a)

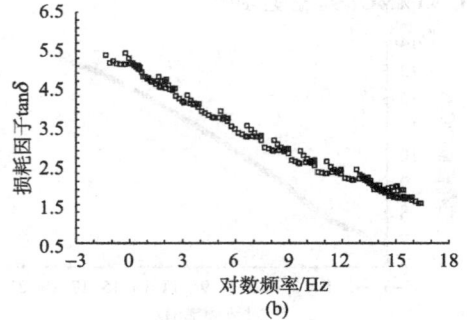

(b)

图 10-5　参考温度下不同含水率木材在宽阔频率范围内的贮存模量 E'（a）
和损耗因子 tanδ（b）主曲线

10.4　移动因子与温度关系曲线的模型拟合

在叠合主曲线时，各条实验曲线在频率坐标上的水平位移量可以用水平移动因子 a_T 来表征。水平移动因子 a_T 代表每一个黏弹单元的移动量，表示其松弛时间占参考温度下松弛时间的比例（Ferry，1980）。图 10-6 是贮存模量和损耗因子主曲线的水平移动因子 a_T 与温度的关系曲线、WLF 方程和 Arrhenius 方程的拟合曲线。从图 10-6 中可以看出，水平移动因子与温度呈近似的线性关系。在低于参考温度

A: 0 MC

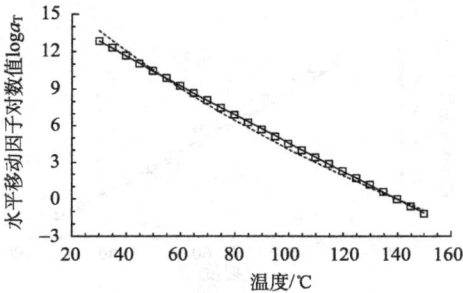

(a)

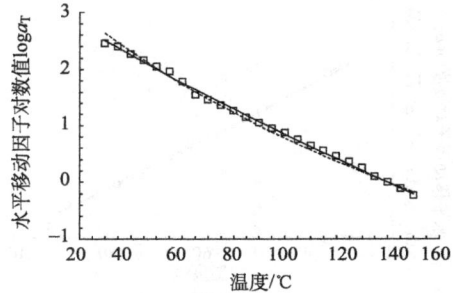

(b)

B: 5.9%MC

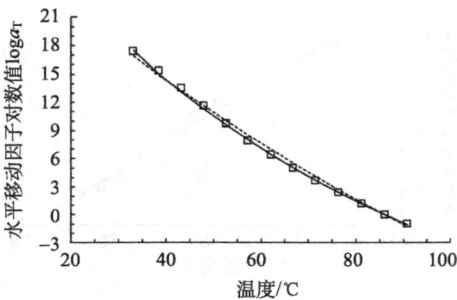

(a)

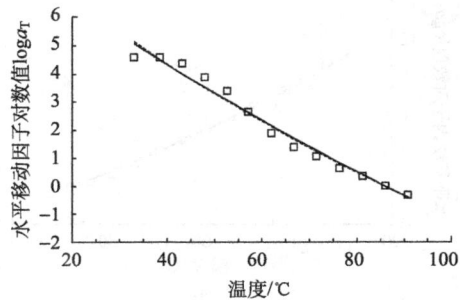

(b)

C: 9.1%MC

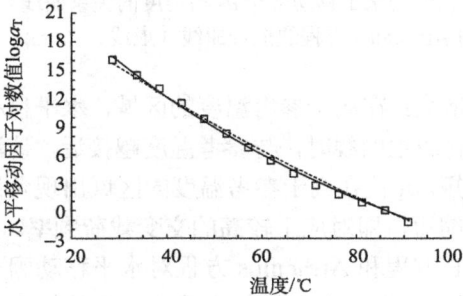

(a)

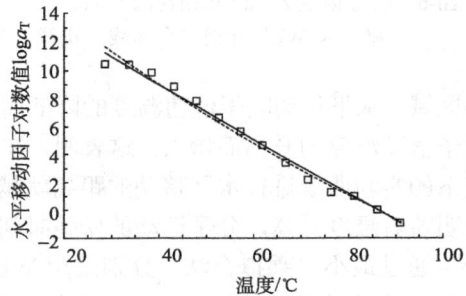

(b)

D: 13.4%MC

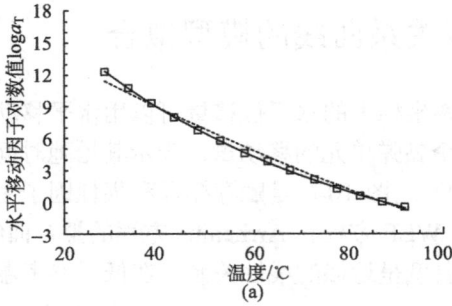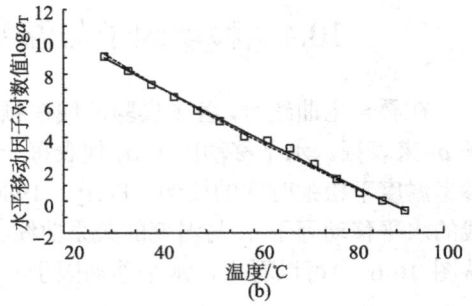

E: 16.5%MC

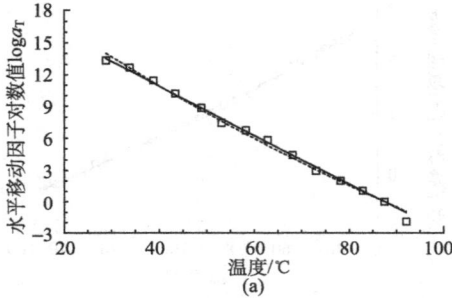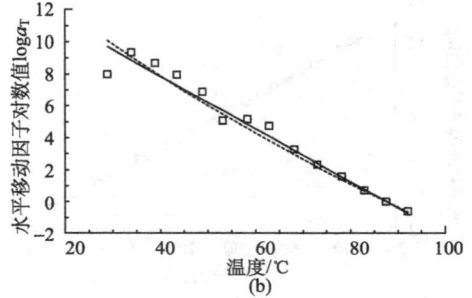

F: 19.4%MC

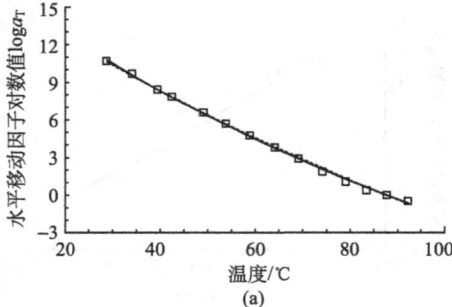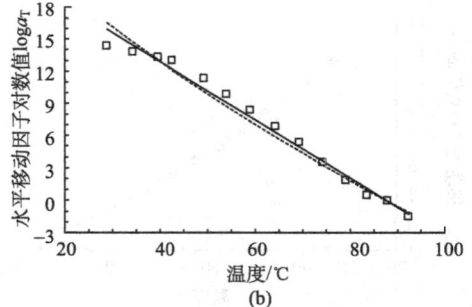

□ 实验值 ——— WLF方程拟合值 ------ Arrhenius方程拟合值

图 10-6　贮存模量 E'（a）和损耗因子 $\tan\delta$（b）主曲线的水平移动因子 a_T 与温度的关系曲线（方格）及 WLF 方程拟合曲线（实线）与 Arrhenius 方程的拟合曲线（虚线）

的区域，水平移动因子值随温度的降低而增大；在高于参考温度的区域，水平移动因子值随温度的升高而增大。这表明，在合成主曲线时，与参考温度越接近，该温度下的实验曲线进行水平移动的距离就越短。a_T 值在高于参考温度的区域出现负值，说明随着温度升高，分子运动的松弛时间缩短，即对应于较高的交变载荷频率。

　　通过最小二乘拟合法，分别采用 WLF 方程和 Arrhenius 方程对水平移动因子 a_T 与温度的关系曲线进行拟合。一般情况下，根据模型值与实验值之间的标准差来评价拟合效果的好坏，当标准差小于 20 时，认为模型值与实验值可以成功拟合（Ferry，1980）。由 WLF 方程、Arrhenius 方程与实验值之间的拟合标准差（表 10-3，表 10-4）可知，只有贮存模量 E' 主曲线的水平移动因子 a_T 与温度的关系曲线可以满足 WLF 方程。从图 10-6 中也可以看出，WLF 方程拟合曲线与实验值曲线的重合度较高；Arrhenius 方程拟合曲线与实验值曲线有一定程度的偏离，这说明在实验温度范围内，木材的松弛过程出现不同类型的能量耗散机制。WLF 拟合曲线的 C_1、C_2 值及采用 WLF 方程［式（10-2）］和 Arrhenius 方程［式（10-3）］计算出的表观活化能值均列于表 10-3 和表 10-4 中。对于高聚物材料，当选择 T_g 作为参考温度时，C_1 和 C_2 具有近似的普适值（大量实验值的平均值）：$C_1 = 17.4$，$C_2 = 51.6$。可以发现，本研究中木材的 C_1、C_2 值与高聚物的 C_1、C_2 普适值存在显著差异。此外，对于湿材表观活化能，随着木材含水率的增加，其表观活化能值增大，说明水分的存在，有利于木质素发生玻璃化转变。

表 10-3　木材贮存模量主曲线的水平移动因子与温度关系曲线的 WLF 方程
与 Arrhenius 方程的拟合参数与表观活化能值

含水率/%	WLF				Arrhenius	
	C_1	C_2	表观活化能 $\Delta E/(kJ/mol)$	标准差	表观活化能 $\Delta E/(kJ/mol)$	标准差
0	26.5	237.8	355.2	15.4	298.8	32.9
5.9	42.5	181.8	557.8	8.9	671.7	23.6
9.1	38.5	192.1	478.2	18.6	568.0	28.4
13.4	26.9	151.9	422.5	5.3	497.3	35.6
16.5	29.4	176.6	397.2	12.8	406.0	27.8
19.4	39.5	274.9	342.8	12.5	376.4	14.6

表 10-4　木材损耗因子主曲线的水平移动因子与温度关系曲线的 WLF 方程
与 Arrhenius 方程的拟合参数与表观活化能值

含水率/%	WLF				Arrhenius	
	C_1	C_2	表观活化能 $\Delta E/(kJ/mol)$	标准差	表观活化能 $\Delta E/(kJ/mol)$	标准差
0	21.8	106.6	651.8	27.3	573.4	33.8
5.9	36.1	253.5	339.8	56.5	204.0	57.0
9.1	40.7	241.9	401.5	38.7	326.8	44.2
13.4	49.5	233.7	505.4	24.6	358.2	23.7
16.5	60.1	251.9	569.3	66.2	420.7	78.1
19.4	55.0	212.7	617.0	46.7	586.1	64.1

10.5　木材时温等效原理适用性评价

　　与 Ferry（1980）提出的判断高聚物时温等效原理适用性的 2 个依据相比，本研究中　①木材的贮存模量 E' 主曲线是光滑的曲线；而损耗因子 $\tan\delta$ 主曲线不光滑，出现一定程度的离散性。②合成贮存模量 E' 主曲线的水平移动因子 a_{T} 与温度的关系曲线可以用 WLF 方程进行描述；但是，损耗因子 $\tan\delta$ 主曲线的水平移动因子 a_{T} 与温度的关系曲线既不满足 WLF 方程，也不满足 Arrhenius 方程。由此可见，在本实验的温度范围（全干材为 25～150℃，湿材为 25～90℃）内，利用时温等效原理描述木材的动态刚度性质是适用的，但对于预测木材在宽阔频率范围内的松弛转变行为不适用。

　　然而，就时温等效原理描述木材动态刚度的适用范围和条件而言，全干材与含水率木材的情况是有区别的。WLF 方程仅能够描述木材细胞壁木质素玻璃化转变温度附近的力学行为，当温度超过某一特定值时，由于水分散失引起木材性质发生变化，时温等效原理则不再适用（Salmén，1984；Bond et al.，1997；Placet et al.，2007）。而对于本研究中采用的全干材，时温等效原理的适用温度分别扩大至 25～150℃。由此可见，水分对木材时温等效原理的适用性具有较大影响。

10.6　本　章　小　结

　　本章以不同含水率（0～19.4%）木材为研究对象，①在 25～150℃内，合成了 135℃下全干材的贮存模量 E' 与损耗因子 $\tan\delta$ 在宽阔频率范围内的主曲线；（2）25～90℃内，合成了 80℃下不同含水率木材的贮存模量 E' 与损耗因子 $\tan\delta$ 在宽阔频率范围内的主曲线。验证并分析了时温等效原理描述木材动态黏弹性的适用性。主要结论有如下几点。

　　（1）木材贮存模量 E' 主曲线的水平移动因子 a_{T} 与温度的关系曲线在一定温度范围（全干材为 25～150℃，湿材为 25～90℃）内满足 WLF 方程。

　　（2）全干材贮存模量 E' 主曲线的频率坐标跨越 10^{16} 个数量级。随着木材含水率从 5.9% 增加至 19.4%，贮存模量主曲线的频率坐标数量级从 10^{21} 降低至 10^{14}。

　　（3）利用时温等效原理描述木材的动态刚度性质是适用的，但无法用来预测木材在宽阔频率范围内的松弛转变行为。此外，水分对木材时温等效原理的适用性具有较大影响。

参 考 文 献

过梅丽. 2002. 高聚物与复合材料的动态力学热分析. 北京: 化学工业出版社

何曼君, 陈维孝, 董西侠. 2000. 高分子物理. 上海: 复旦大学出版社

蒋佳荔, 吕建雄. 2006. 木材动态黏弹性的含水率依存性. 北京林业大学学报, 28 (增刊 2): 118-123

蒋佳荔, 吕建雄. 2008. 干燥处理材的动态黏弹性. 北京林业大学学报, 30(3): 96-100

蒋佳荔, 吕建雄. 2012. 杉木动态黏弹行为的时温等效性. 林业科学, 48(2): 124-128

刘一星, 赵广杰. 2012. 木材学. 北京: 中国林业出版社

马德柱, 何平笙, 徐种德, 等. 2003. 高聚物的结构与性能. 2 版. 北京: 科学出版社

王逢湖. 2005. 木质材料流变学. 哈尔滨: 东北林业大学出版社

虞华强, 赵荣军, 刘杏娥, 等. 2007. 木材蠕变模拟研究概述. 林业科学, 4(7): 101-105

张红为. 2010. 杨木横纹压缩本构关系与时-温等效性研究. 合肥: 安徽农业大学硕士学位论文

赵广杰. 2001. 木材的化学流变学——基础构筑及研究现状. 北京林业大学学报, 23(5): 66-70

赵广杰. 2002. 木材细胞壁中吸着水的介电弛豫. 北京: 中国林业出版社

渡辺治人. 1984. 木材应用基础. 上海: 上海科学技术出版社

Åkeroholm M, Salmén L. 2003. The oriented structure of lignin and its viscoelastic properties studied by static and dynamic FT-IR spectroscopy. Holzforschung, 57(5):459-465

Alén R, Kotilainen R, Zaman A. 2002. Thermochemical behavior of Norway spruce (*Picea abies*) at 180-225℃. Wood Science and Technology, 36(2): 163-171

Arima T. 1972. Creep in process of temperature changes. I. Creep in process of constant, elevated and decreased temperature. Mokuzai Gakkaishi, 18(7): 349-353

Astley R J, Stol K A, Harrington J J. 1998. Modelling the elastic properties of softwood. Part 2: the cellular microstructure. European Journal of Wood and Wood Products, 56(1): 43-50

Bach L, Pentoney R.E. 1968. Non-linear mechanical behavior of wood. Forest Products Journal, 18(3): 60-66

Back E L, Salmén N L. 1982. Glass transition of wood components hold implications for molding and pulping processes. Tappi Journal, 65(7):107-110

Backman A C, Lindberg K A H. 2001. Differences in wood material response for radial and tangential direction as measured by dynamic mechanical thermal analysis. Journal for Materials Science, 36(15):3777-3783

Bag R, Beaugraud J, Dole P, et al. 2011. Viscoelastic properties of woody hemp core. Holzforschung, 65(2):239-247

Bal B C, Bektaş İ. 2013. The effect of heat treatment on some mechanical properties of juvenile wood and mature wood of *Eucalyptus grandis*. Drying Technology, 31(4):479-485

Bergander A, Salmén L. 2002. Cell wall properties and their effects on the mechanical properties of fibers. Journal of Materials Science, 37(1):151-156

Bernier G A, Kline D E. 1968. Dynamic mechanical behavior of birch compared with methyl methacrylate impregnated birch from 90 to 475K. Forest Products Journal, 18(4): 79-82

Birkinshaw C, Buggy M, Henn G G. 1986. Dynamic mechanical analysis of wood. Journal of Materials Science Letters, 5(9):898-900

Bodig J. 1982. Mechanics of Wood and Wood Composites. New York: Van Nostrand Reinhold Company

Bond B H, Loferski J, Tissaoui J, et al. 1997. Development of tension and compression creep models for wood using the time-temperature superposition principle. Forest Product Journal, 47(1): 97-103

Boutelje J B. 1962. The relationship of structure to transverse anisotropy in wood with reference to shrinkage and elasticity. Holzforschung, 16(2):33-46

Breese M C, Bolton A J. 1993. The effect of temperature and moisture content on the time-dependent behavior of isolated earlywood specimens of Sitka Spruce (*Picea sitchensis*), loaded in compression in the radial direction. Holzforschung, 47(6): 523-528

Brémaud I, Kaïm Y E, Guibal D, et al. 2012. Characterisation and categorization of the diversity in viscoelastic vibrational properties between 98 wood types. Annals of Forest Science, 69(3):373-386

British Rheologists' Club. 1942. Classification of rheological properties. Nature, 149:702-704

Bucur V. 1983. An ultrasonic method for measuring the elastic constants of wood increment cores bored from living trees. Ultrasonics, 21(3): 116-126

Burmester A. 1965. Relationship between sound and velocity and the morphological, physical and mechanical properties of wood. Holz als Roh- und Werkstoff, 23(6):227-236

Chen P, Nakao T, Kobayashi S. 1999. Vibrational properties of wood in frequency ranges including ultrasonic waves temperature dependencies of dynamic Young's modulus and loss tangent. Journal of the Japan Wood Research Society, 45(1): 51-56

Choong E T, Mackay J F G, Stewart C M. 1973. Collapse and moisture flow in kiln-drying and freeze-drying of woods. Wood Science, 6(2):127-135

Chow S Z, Pickeles K J. 1971. Thermal softening and degradation of wood and bark. Wood and Fiber

Science, 3(3):166-178

Conners T E, Medvecz C J. 1992. Wood as a bimodular material. Wood and Fiber Science, 24(4):413-423

Cousins W J. 1976. Elastic modulus of lignin as related to moisture content. Wood Science and Technology, 10(1):9-17

Cousins W J. 1978. Young's modulus of hemicellulose as related to moisture content. Wood Science and Technology, 12(3):161-167

Davidson R W. 1962. The influence of temperature on creep in wood. Forest Products Journal, 12(8): 377-381

Donaldson L. 2008. Microfibril angle: measurement, variation and relationships - A review. IAWA Journal, 29(4):345-386

Engelund E T, Salmén L. 2012. Tensile creep and recovery of Norway spruce influenced by temperature and moisture. Holzforschung, 66(8):959-965

Engelund E T, Svensson S. 2011. Modelling time-dependent mechanical behavior of softwood using deformation kinetics. Holzforschung, 65(2): 231-237

Erickson R W, Haygreen J, Hossfeld R. 1966a. Drying of prefrozen redwood-fundamental and applied considerations. Forest Product Journal, 18(6):49-56

Erickson R W, Haygreen J, Hossfeld R. 1966b. Drying prefrozen redwood with limited data on other species. Forest Product Journal, 16(8):57-65

Fengel D, Wegener G. 1989. Wood Chemistry, Ultrastructure, Reactions. New York: Walter de Gruyter and Co. Berlin

Ferry J D. 1980. Viscoelastic Properties of Polymers. 3rd ed. New York: Wiley

Furuta H, Imanishi M, Kohara M, et al. 2000. Thermal-softening properties of water swollen wood. VII. The effect of lignin. Mokuzai Gakkaishi, 46(2):132-136

Furuta Y, Aizawa H, Yano H, et al. 1997. Thermal-softening properties of water-swollen. IV. The effects of chemical constituents of the cell wall on thermal-softening properties of wood. Mokuzai Gakkaishi, 43(9):725-730

Furuta Y, Obata Y, Kanayama K. 2001. Thermal-softening properties of water-swollen wood: the relaxation process due to water soluble polysaccharides. Journal of Materials Science, 36(4):887-890

Futo L P. 1969. Qualitative and quantitative evaluation of the microtensile strength of wood. European Journal of Wood and Wood Products, 27(5): 192 - 201

Gerhards C C. 1982. Effect of moisture content and temperature on the mechanical properties of wood: an analysis of immediate effects. Wood and Fiber Science, 14(1): 4-36

Gibson L J, Ashby M F. 1997. Cellular Solids, Structure and Properties. Oxford: Pergamon Press

Goring D A I. 1963. Thermal softening of lignin, hemicellulose, and cellulose. Pulp and Paper magazine of Canada, 64:517-527

Grossman P U A. 1976. Requirements for a model that exhibits mechano-sorptive behavior. Wood Science and Technology, 10(3):163-168

Gündüz G, Niemz P, Aydemir D. 2008. Changes in specific gravity and equilibrium moisture content inheat-treated fir (*Abies nordmanniana* subsp. *bornmülleriana* Mattf.) wood. Drying Technology, 26(9): 1135-1139

Haines D W, Leban J M, Herbé C. 1996. Determination of young's modulus for spruce, fir and isotropic materials by the resonance flexure method with comparisons to static flexure and other dynamic methods. Wood science and technology, 30(4): 253-263

Havimo M. 2009. A literature-based study on the loss tangent of wood in connection with mechanical pulping. Wood Science and Technology, 43(7-8):627-642

Hearmon R F S. 1966. Vibration testing of wood. Forest Products Journal, 16(8): 29-40

Hering S, Niemz P. 2012. Moisture-dependent, viscoelastic creep of European beech wood in longitudinal direction. European Journal of Wood and Wood Products, 70(5):667-670

Hillis W E. 1984. High temperature and chemical effects on wood stability. Part 1. General considerations. Wood Science and Technology, 18(4):535-542

Hillis W E, Rosa A N. 1978. The softening temperatures of wood. Holzforschung, 32(2):68-73

Hillis W E, Rozsa A N. 1985. High temperature and chemical effects on wood stability. Part 2: The effect of heat on the softening of radiata pine. Wood Science and Technology, 19(1):57-66

Hirai N, Date M, Miyachi Y, et al. 1990. Elastic dispersion of wood in high temperature region. Journal of the Society of Materials Science (Japan), 39(444): 1203-1206

Hirai N, Sobue N, Asano I. 1972. Studies on piezoelectric effect of wood IV. Effect of heat treatment on cellulose crystallites and piezoelectric effect of wood. Mokuzai Gakkaishi, 18(6):535-542

Hoffmann G, Poliszko S. 1996. Temperature-frequency transformation in dielectric thermal analysis of wood relaxation properties. Journal of Applied Polymer Science, 59(2):269-275

Hori R, Müller M, Watanaba U, et al. 2002. The importance of seasonal differences in the cellulose microfibril angle in softwoods in determining acoustic properties. Journal of Materials Science, 37(20):4279-4284

Jacem T. 1996. Effects of long-term creep on the integrity of modern wood structures. Virginia: Virginia Polytechnic Institute and State University. Ph.D Thesis

James W L. 1961. Effect of temperature and moisture content on: internal friction and speed of sound in Douglas-fir. Forest Products Journal, 11(9): 383-390

Jernqvist L O, Thuvander F. 2001. Experimental determination of stiffness variation across growth rings in *Picea abies*. Holzforschung, 55(3): 309-317

Jiang J L, Lu J X. 2008a. Dynamic viscoelastic properties of wood treated by three drying methods measured at high-temperature range. Wood and Fiber Science, 40(1): 72-79

Jiang J L, Lu J X. 2008b. Dynamic viscoelasticity of wood after various drying processes. Drying Technology, 26(5): 537-543

Jiang J L, Lu J X. 2009a. Impact of temperature on the linear viscoelastic region of wood. Canadian Journal of Forest Research, 39(11):2092-2099

Jiang J L, Lu J X. 2009b. Anisotropic characteristics of wood dynamic viscoelastic properties. Forest Products Journal, 59(7-8):59-64

Jiang J L, Lu J X, Huang R F, et al. 2009. Effects of time and temperature on the viscoelastic properties of Chinese fir wood. Drying Technology, 27(11):1229-1234

Jiang J L, Lu J X, Zhao Y K, et al. 2010. Influence of frequency on wood viscoelasticity under two types of heating conditions. Drying Technology, 28(6): 823-829

Kabir M F, Daud W M, Khalid K B, et al. 2001. Temperature dependence of the dielectric properties of rubber wood. Wood and Fiber Science, 33(2): 233-238

Kamei K, Iida I, Ishimaru Y, et al. 2004. Effect of samples preparation methods on mechanical properties of wood I. Effect of period and temperature kept in water, and cooling rate after heating on water-swollen wood. Mokuzai Gakkaishi, 50(1):10-17

Kelly S S, Rilas T G, Glasser W G. 1987. Relaxation behavior of amorphous components of wood. Journal of Materials Science, 22(2):617-625

Kifetew G. 1999. The influence of the geometrical distribution of cell-wall tissue on the transverse anisotropic dimensional changes of softwood. Holzforschung, 53(4): 347-349

Kimura M, Nakano J. 1976. Mechanical relaxation of cellulose at low temperatures. Journal of Polymer Science: Polymer Letters Edition, 14(12):741-745

Kitahara K, Yukawa K. 1964. The influence of the change of temperature on creep in bending. Mokuzai Gakkaishi, 10(5): 169-175

Kojima Y, Yamamoto H. 2004. Effect of microfibril angle on the longitudinal tensile creep behavior of wood. Journal of Wood Science, 50(4):301-306

Kojima Y, Yamamoto H. 2005. Effect of moisture content on the longitudinal tensile creep behavior of wood. Journal of Wood Science, 51(5):462-467

Kollmann F, Fengel D. 1965. Changes in the chemical composition of wood by thermal treatment. Holz als Roh- und Werkstoff, 23(12): 461-468

Kubojima Y, Okano T, Ohta M. 1998. Vibrational properties of Sitka spruce heat treated in nitrogen gas. Journal of Wood Science, 44(1):73-77

Kubojima Y, Wada M, Tonosaki M. 2001. Real-time measurement of vibrational properties and fine structural properties of wood at high temperature. Wood Science and Technology, 35(6): 503-515

Kudo K, Iida I, Ishimaru Y, et al. 2003. The effects of quenching on the mechanical properties of wet wood. Mokuzai Gakkaishi, 49(4): 253-259

Laborie M P G, Salmén L, Frazier C E. 2004. Cooperativity analysis of the in situ lignin glass transition. Holzforschung, 58(2):129-133

Leaderman H. 1943. Elastic and creep properties of filamentous materials and other high polymers. Washington DC: Textile Foundation

Length C, Sargent R. 2008. Wood material behavior during drying: moisture dependent tensile stiffness and strength of Radiata Pine at 70-150℃. Drying Technology, 26(9): 1112-1117

Lenth C A. 1999. Wood material behavior in severe environments. Virginia: Virginia State University. Ph.D Thesis

Lenth C A, Kamke F A. 2001. Moisture dependent softening behavior of wood. Wood and Fiber Science, 33(3): 492-507

Li D G, Gu L B. 1999. The mechano-sorptive behavior of Poplar during high-temperature drying. Drying Technology, 17(9): 1947-1958

Lindberg J J, Laanterä M. 1996. Hydrogen bonds and macromolecules. The interaction between wood cells and water. Journal of Macromolecular Science, 33(10):1385-1388

López-Suevos F, Frazier C E. 2005. Parallel-plate rheology of latex films bonded to wood. Holzforschung, 59(4): 435-440

López-Suevos F, Frazier C E. 2006. Rheology of latex films bonded to wood: influence of cross-linking. Holzforschung, 60(1): 47-52

Lu J X, Lin Z Y, Jiang J L, et al. 2005. Comparative studies on the liquid penetration between the freeze-drying and the air-drying wood. Journal of Forestry Research, 16(4):293-295

Manninen A M, Pasanen P, Holopainen J K. 2002. Comparing the VOC emissions between air-dried and heat-treated Scots pine wood. Atmospheric Environment, 36(11): 1763-1768

Mano F J. 2002. The viscoelastic properties of cork. Journal of Materials Science, 37(2):257-263

Mark R E. 1967. Cell wall mechanics of tracheids. New Haven: Yale University Press

Matsunage M, Obataya E, Minato K, et al. 2000. Working mechanism of adsorbed water on the vibrational properties of wood impregnated with extractives of Pernambuco (*Guilandina echinata* Spreng.). Journal of Wood Science, 46(2):122-129

Minato K, Konaka Y, Bremaud I, et al. 2010. Extractives of muirapiranga (*Brosimun* sp.) and its effects on the vibrational properties of wood. Journal of Wood Science, 56(1):41-46

Montero C, Gril J, Legeas C, et al. 2012. Influence of hygromechanical history on the longitudinal mechanosorptive creep of wood. Holzforschung, 66(6): 757-764

Moraes P D, Rogaume Y, Triboulot P. 2004. Influence of temperature on the modulus of elasticity (MOE) of *Pinus sylvestris* L. Holzforschung, 58(1): 143-147

Moutee M, Fortin Y, Laghdir A, et al. 2010. Cantilever experimental setup for rheological parameter identification in relation to wood drying. Wood Science and Technology, 44(1): 31-49

Mukudai J, Yata S. 1986. Modeling and simulation of viscoelastic behavior (tensile strain) of wood under moisture change. Wood Science and Technology, 20(4):335-348

Mukudai J, Yata S. 1987. Further modeling and simulation of viscoelastic behavior (bending deflection) of wood under moisture change. Wood Science and Technology, 21(1):49-63

Nakano T, Honma S, Matsumoto A. 1990. Physical properties of chemically-modified wood containing metal. I. Effects of metal on dynamic mechanical properties of half-esterified wood. Mokuzai Gakkaishi, 36(12):1063-1068

Norimoto M. 1976. Dieletric properties of wood. Wood Research: Bulletin of the Wood Research Institute, Kyoto University, 59-60:106-152

Norimoto M, Zhao G J. 1993. Dielectric-relaxation of water adsorbed on wood. Mokuzai Gakkaishi, 39(3):249-257

Obataya E, Furuta Y, Gril J. 2003. Dynamic viscoelastic properties of wood acetylated with acetic anhydride solution of glucose pentaacetate. Journal of Wood Science, 49(2):152-157

Obataya E, Norimoto M, Gril J. 1998. The effects of adsorbed water on dynamic mechanical properties of wood. Polymer, 39(14):3059-3064

Obataya E, Norimoto M, Tomita B. 2001. Mechanical relaxation process of wood in the low-temperature range. Journal of Applied Polymer Science, 81(13):3338-3347

Obataya E, Ono T, Norimoto M. 2000. Vibrational properties of wood along the grain. Journal of Material Science, 35(12): 2993-3001

Obataya E, Yokuyama M, Norimoto M. 1996. Mechanical and dielectric relaxations of wood in a low temperature range I. Relaxations due to methylol groups and adsorbed water. Mokuzai Gakkaishi, 42(3):243-249

Olsson A M, Salmén L. 1997. The effect of lignin composition on the viscoelastic properties of wood. Nordic Pulp and Paper Research Journal, 12(3):140-144

Olsson S, Perstorper M. 1992. Elastic wood properties from dynamic tests and computer modeling. Journal of Structural Engineering, 118(10): 2677-2690

Ooi K, Wang Y, Iida I, et al. 2005. Changes of mechanical properties of wood under an unstable state by heating or cooling. Mokuzai Gakkaishi, 51(6):357-363

Ostman B A L. 1985. Wood tensile strength at temperatures and moisture contents simulating fire conditions. Wood Science and Technology, 19(2): 103-116

Placet V, Passard J, Perré P. 2007. Viscoelastic properties of green wood across the grain measured by harmonic tests in the range 0-95℃: hardwood vs. softwood and normal wood vs. reaction wood. Holzforschung, 61(5):548-557

Placet V, Passard J, Perré P. 2008. Viscoelastic properties of wood across the grain measured under water-saturated conditions up to 135℃: evidence of thermal degradation. Journal of Materials Science, 43(9):3210-3217

Quis D. 2002. On the frequency dependence of the modulus of elasticity of wood. Wood Science and Technology, 36(4): 335-346

Rusche H. 1973. Thermal degradation of wood at temperatures up to 200℃. Part I: strength properties of dried wood after heat treatment. Holz als Roh - und Werkstoff, 31(7): 273-281

Salmén L. 1984. Viscoelastic properties of in situ lignin under water-saturated conditions. Journal of Materials Science, 19(9):3090-3096

Salmén L. 2004. Micromechanical understanding of the cell-wall structure. Comptes Rendus Biologies, 327(9-10):873-880

Salmén L, Olsson A M. 1998. Interaction between hemicelluloses, lignin and cellulose: structure-property relationships. Journal of Pulp and Paper Science, 24(3):99-103

Samarasinghe S, Loferski J R, Holzer S M. 1994. Creep modeling of wood using time-temperature superposition. Wood and Fiber Science, 26(1): 122-130

Schaffer E L. 1973. Effect of pyrolytic temperatures on the longitudinal strength of dry Douglas-fir. Journal of Testing and Evaluation, 1(4):319-329

Shupe T F, Groom L H, Eberhardt T L, et al. 2008. Selected mechanical and physical properties of Chinese tallow tree juvenile wood. Forest Products Journal, 58(4):90-93

Siau J F. 1995. Wood: Influence of Moisture on Physical Properties. Virginia: Department of Wood Science and Forest Products, Virginia Polytechnic Institute and State University

Skarr C. 1988. Wood-Water Relations. New York: Springer-Verlag

Song K L, Yin Y F, Salmén L, et al. 2014. Changes in the properties of wood cell wall during the transformation from sapwood to heartwood. Journal of Materials Science, 49(4):1734-1742

Suevos F L, Frazier C E. 2005. Parallel-plate rheology of latex films bonded to wood. Holzforschung, 59(4): 435-440

Suevos F L, Frazier C E. 2006. Rheology of latex films bonded to wood: influence of cross-linking. Holzforschung, 60(1):47-52

Sugiyama M, Norimoto M. 1996. Temperature dependence of dynamic viscoelasticities of chemically treated woods. Mokuzai Cakkaishi, 42(11): 1049-1056

Sugiyama M, Obataya E, Norimoto M. 1998. Viscoelastic properties of the matrix substance of chemically treated wood. Journal of Materials Science, 33(14):3505-3510

Sun N J, Das S, Frazier C E. 2007. Dynamic mechanical analysis of dry wood: linear viscoelastic response region and effects of minor moisture changes. Holzforschung, 61(1):28-33

Suzuki M, Nakato K. 1964. Temperature dependence of dynamic viscoelasticity of wood. Journal of the Japan Wood Research Society, 10(3): 89-95

Taghiyari H R, Karimi A N, Parsapajouh D, et al. 2010. Study on the longitudinal gas permeability of juvenile wood and mature wood. Special Topics and Reviews in Porous Media-An International Journal, 1(1):31-38

Tajvidi M. 2005. Static and dynamic mechanical properties of a kenaf fiber-wood flour/ polypropylene hybrid composite. Journal of Applied Polymer Science, 98(2): 665-672

Taniguchi T, Nakato K. 1966. Effects of heat treatment on the fine structure of soft wood. Kyoto University Forestry, 38:192-199

Tanimoto T, Nakano T. 2013. Side-chain motion of components in wood samples partially non-crystallized using NAOH-water solution. Materials Science and Engineering: C, 33(3): 1236-1241

Tanner R I. 2009. The change face of rheology. Journal of Non-Newtonian Fluid Mechanics, 157(3):141-144

Theocaris P S, Spathis G, Sideridis E. 1982. Elastic and viscoelastic properties of fibre-reinforced composite materials. Fibre Science and Technology, 17(3):169-181

Toba K, Yamamoto H. 2013. On the mechanical interaction between cellulose microfibrils and matrix substances in wood cell wall: effects of chemical pretreatment and subsequent repeated dry-and-wet treatment. Journal of Wood Science, 59(5):359-366

Wang Y, Iida I, Ishimaru Y, et al. 2006. Mechanical properties of wood in an unstable state due to temperature changes, and an analysis of the relevant mechanism I. Stress relaxation behavior of swollen wood after quenching. Mokuzai Gakkaishi, 52(2): 83-92

Wang Y, Iida I, Minato K. 2007. Mechanical properties of wood in an unstable state due to temperature changes, and analysis of the relevant mechanism IV. Effect of chemical components on destabilization of wood. Journal of Wood Science, 53(5): 381-387

Watanabe U. 1998. Shrinking and elastic properties of coniferous wood in relation to cellular structure. Wood Research, 85(1): 1-47

Williams M L, Landel R F, Ferry J.D. 1955. The temperature dependence of relaxation mechanisms in amorphous polymers and other glass-forming liquids. Journal of the American Chemical Society, 77(14): 3701-3705

Wolcott M P, Shutler E L. 2003. Temperature and moisture influence on compression-recovery behavior of wood. Wood and Fiber Science, 35 (4): 540-551.

Wu Q L. 1995. Rheological behavior of Douglas-fir as related to the process of drying. Drying Technology, 13(8): 2239-2240

Yano H. 1994. The changes in the acoustic properties of western red cedar due to methanol extraction. Holzforschung, 48(6): 491-495

Yano H, Kyou K, Furuta Y, et al. 1995. Acoustic properties of Brazilian rosewood used for guitar back plates. Mokuzai Gakkaishi, 41(1): 17-24

Zhang T, Bai S L, Zhang Y F, et al. 2012. Viscoelastic properties of wood materials characterized by nanoindentation experiments. Wood Science and Technology, 46(5): 1003-1016